NOTES STATISTIQUES

SUR LA

GUYANE FRANÇAISE.

NOTES STATISTIQUES

SUR LA

GUYANE FRANÇAISE,

PAR M. JULES ITIER,

INSPECTEUR DES DOUANES.

EXTRAIT

DES ANNALES MARITIMES ET COLONIALES (AVRIL, MAI ET JUIN 1844.)

PARIS.

IMPRIMERIE ROYALE.

M DCCC XLIV.

NOTES STATISTIQUES

SUR LA

GUYANE FRANCAISE.

(août 1843.)

NOTE PRÉLIMINAIRE.

Les Notes de M. Itier sur la Guyane française ont été recueillies, au commencement de 1843, pendant une mission qu'il remplissait à Caïenne comme inspecteur des douanes. Leur principal but est de présenter, au sujet des cultures et de la production de cette colonie, des renseignements analogues à ceux qui ont été publiés pour les Antilles, en 1841, dans les Notes de M. l'inspecteur des finances Lavollée sur la Martinique et la Guadeloupe [1].

M Itier a de plus réuni, sur la géologie, la météorologie, la topographie et la population de la Guyane, des observations assez étendues. L'exposé qu'il donne de la géologie guyanaise est entièrement neuf. On remarquera que le surplus traite, avec des détails nouveaux, de matières déjà comprises dans les chapitres II, III, IV et X de la Notice statistique sur la Guyane française, publiée en 1838 par le département de la marine.

---

[1] M. Lavollée est aujourd'hui directeur du commerce extérieur au ministère de l'agriculture et du commerce.

Indépendamment de cette dernière Notice, on sait qu'il existe de nombreux ouvrages sur la Guyane. La nomenclature complète en a été dressée comme appendice à la Notice historique publiée, en 1843, par M. Ternaux-Compans. On doit se borner à donner ici l'indication des principaux livres où il est spécialement question des ressources commerciales et agricoles de la colonie.

1° *Traité sur les terres noyées de la Guyane*, etc.; par Guisan; publié pour la première fois en 1788, et réimprimé à Caïenne en 1825, 1 volume in-4°.

2° *Exposé des moyens de mettre en valeur et d'administrer la Guyane;* par Daniel Lescallier; publié pour la première fois en 1791, et réimprimé en 1798; 1 volume in-8°.

3° *Notice sur la Guyane française,* par Catineau-Laroche; 1 volume in-8°, 1822.

4° *Mémoire sur la Guyane française;* par Noyer, habitant propriétaire; brochure in-4°, imprimée à Caïenne, en 1824.

5° *Des forêts vierges de la Guyane;* par le même; brochure in-8°, 1827.

6° *Procès-verbaux de la commission de colonisation de la Guyane;* 1 volume in-4°, 1842.

7° *États annuels de commerce, de cultures et de population des colonies françaises,* publiés par le département de la marine (1831 à 1842).

8° *De la Guyane française et de ses colonisations;* par Laboria; 1 volume in-8°, 1843.

CHAPITRE Ier. — Topographie.

Situation géographique.

Les géographes désignent sous le nom de *Guyane* une contrée comprise, d'une part, entre le 3e degré de latitude australe et le 8e de latitude boréale, et, d'autre part, entre le 53ᵉ et le 64ᵉ degré de longitude O. Cette portion de l'Amérique méridionale est bornée au N. par l'Orénoque et l'Océan, à l'E. par l'Océan et l'embouchure des Amazones, à l'O. par le Rio-Branco, et le Rio-Négro, l'un des principaux affluents de l'Amazone, et au S. par ce fleuve, le plus grand de la terre. La partie française de la Guyane occupe, au S. et à l'E., la moitié environ de cet immense territoire ; ses côtes, mesurant à peu près 125 lieues, sont comprises entre l'embouchure du Maroni, qui la sépare des possessions hollandaises, et le cap Nord, limite N. de l'empire du Brésil : sa superficie peut être évaluée à 20,000 lieues carrées.

Constitution orographique.

Une chaîne de montagnes, désignée par les Indiens sous le nom de Tumucumaque, occupe, à la hauteur du cap Nord, le centre de la Guyane, dont elle a déterminé les formes orographiques actuelles, en donnant naissance à une ligne anteclinale dirigée de l'E. à l'O., d'où partent deux versants opposés, N. et S., qui constituent les traits généraux de la contrée. Des chaînons, espèces de contre-forts de cette chaîne principale, s'en détachent et semblent devoir être attribués à des failles qui auraient brisé l'axe principal perpendiculairement à sa direction.

La direction E. O. de la Sierra-Tumucumaque est sensiblement parallèle au cours de l'Amazone, qu'elle a déterminé, selon toute apparence, comme les Alpes et le Jura ont déterminé en France le cours de la Saône et du Rhône qui lui fait suite. Le parallélisme de la Sierra-Tumucumaque avec les chaînes centrales du Brésil, dont M. Pissis vient de publier l'étude, est un fait d'autant plus remarquable que la composition du sol et les causes de soulèvement paraissent, ainsi qu'on le verra plus bas, avoir les plus grands rapports.

Une autre chaîne de montagnes dont la hauteur maximum ne dépasse pas 600 mètres, et qui occupe l'espace compris entre le Maroni et la mer, paraît être indépendante du système de soulèvement de la chaîne centrale de Tumucumaque, qui serait venu postérieurement affecter son relief et effacer en partie la direction générale de ses pentes primitives, pour imposer aux rivières de nouveaux cours vers le N. et le N. N. E., en les obligeant aujourd'hui à franchir les anciennes rides ou lignes de faîte de la chaîne primitive, lesquelles, en barrant le cours de toutes les rivières de la Guyane française, dans la direction du N. E., donnent naissance à ces sauts brusques et à ces cataractes où l'eau se précipite avec fracas, et qui, à 15 ou 20 lieues des côtes, interrompent la navigation, pour ne permettre que celle des seuls canots qu'on peut transporter à bras, au-dessus de ces barrages naturels souvent très-rapprochés les uns des autres. Le lit des rivières est alors encaissé dans des rochers qui en rétrécissent la largeur, jusqu'à n'avoir plus que 20 à 30 mètres; des arbres, renversés en travers, y forment des ponts naturels de l'effet le plus magique et viennent encore ajouter aux difficultés de la navigation.

Les espèces de gradins qui donnent lieu à ces chutes d'eau se prolongent au loin à travers la contrée, sous forme de terrasses et de plaines hautes, et quelquefois marécageuses, dont le sol argileux a été formé aux dépens des roches feldspathiques sous-jacentes. Le niveau de ces terrasses s'abaisse successivement en se rapprochant de la mer, jusqu'au pied de collines ferrugineuses dont les formes arrondies semblent être le fait de l'érosion des eaux; puis commence une vaste plaine d'alluvions modernes allant se perdre dans la mer, et qu'interrompent çà et là des masses noires rocheuses s'élevant brusquement au-dessus de la plaine, comme pour indiquer la charpente du sous-sol. Leur prolongement dans la mer, et jusqu'à 3 lieues au large, constitue les nombreux îlots qui bordent la côte, et dont les principaux sont : les *Connétables*, les *îlots de Rémire*, l'*Enfant perdu*, les *îles du Salut* et les *îles Vertes*.

Vingt-deux rivières sillonnent la Guyane française du S. au N. et au N. N. E., et débouchent dans la mer après avoir reçu les eaux d'un grand nombre de ruisseaux et de criques qui croisent le pays dans tous les sens ; ces rivières sont, comme nous l'avons dit, toutes plus ou moins navigables jusqu'au pied des montagnes où commencent les premiers sauts. Les principales sont : le *Maroni*, la *Mana*, l'*Iracoubo*, le *Conanama*, le *Courassani*, le *Sinnamary*, le *Kourou*, le *Macouria*, la rivière de *Caïenne* ou des *Cascades*, le *Mahuri*, la rivière de *Kaw*, l'*Approuague*, l'*Ouanari*, l'*Oyapock*, l'*Ouassa*, le *Cassipour* et la rivière *Vincent-Pinçon*.

On compte quelques lacs à la Guyane ; les plus étendus, situés au S. E. dans les hautes savanes qui avoisinent la côte du cap Nord, sont connus sous les noms de Ouavine, Mépépucu, Macari et Mapa. Ce dernier renferme une île où l'on avait établi un poste français, qu'on a évacué momentanément il y a peu d'années.

Constitution géologique.

Le terrain le plus ancien de la Guyane française se compose d'un système de roches cristallines stratifiées qui, dans leur superposition, présentent l'ordre ci-après, de bas en haut : 1° gneiss, 2° leptinite, 3° diorite schistoïde. Ces roches alternent quelquefois ensemble vers leurs points de contact, de telle sorte que la leptinite est en couches subordonnées dans le gneiss, dont elle ne paraît être, après tout, qu'une modification.

Le gneiss varie peu de composition; il est homogène, à grains assez fins. La leptinite est tantôt granitoïde, tantôt schistoïde; elle est plus ou moins pénétrée de petits cristaux d'amphibole vert. La diorite est schistoïde ou compacte; sur une foule de points, et notamment dans l'île de Caïenne, sa stratification ne saurait faire l'objet d'un doute; mais il en est d'autres où la diorite prend tout à fait l'apparence d'une roche d'épanchement; elle renferme des parties où le feldspath très-abondant donne à la roche l'aspect d'un porphyre amphibolique; on y observe des veines et des rognons de quartz laiteux, des géodes tapissées de cristaux d'amphibole, des veines de pyronème vert ou cocolithe, et d'épidote et enfin du fer sulfuré.

Le gneiss fait saillie çà et là, au-dessus du dépôt vaseux désigné dans le pays sous le nom de terre basse, qui règne le long de la côte; il se montre aussi dans le cours des rivières, où il occasionne quelques sauts; on l'observe dans la rivière de Couriége, principal affluent du Sinnamary, à 3 lieues avant sa jonction avec ce dernier; il se montre encore deux fois, à 5 myriamètres plus loin, et dans le haut du Sinnamary, à 15 myriamètres de son embouchure; enfin au-dessus du premier saut de l'Oyapock et dans le haut de la rivière du Camopi, ainsi que près de l'axe de la Sierra-Tumucumaque: il forme plusieurs bandes dans la direction de l'E. N. E.

Le gneiss leptinoïde et la leptinite l'accompagnent sur ces mêmes points; on l'observe aussi au centre de l'île de Caïenne, où cette roche forme des protubérances arrondies par l'effet de la décomposition, tandis que la diorite, à laquelle elle est associée, a conservé ses formes anguleuses en saillie, et constitue toutes les parties montagneuses de l'île. Le fort de Caïenne est bâti sur une diorite dont la disposition stratiforme est très-prononcée; au N. E., les roches qui avoisinent l'hôpital de Caïenne présentent une diorite rubanée dont les strates tourmentés sont contournés dans tous les sens. La montagne du Mahury, les pointes de Montabot, de Bourda, de Montjoli et du Diamant, les collines de Beauregard, les îles des Connétables et de Rémire sont formées par la diorite qu'on appelle gri-

son dans le pays, en la confondant toutefois avec une roche
d'épanchement d'un autre âge, qui y forme des dykes, et
dont nous parlerons plus loin. La diorite forme des sauts et
des cataractes dans le haut de toutes les rivières, depuis la
Mana, où M. Le Prieur l'a reconnue, jusqu'à l'Oyapock; à
12 myriamètres de l'embouchure du Sinnamary; à la hauteur de la Cri-Galibi, qui établit une communication avec
l'Oyac, il existe deux sauts occasionnés par des barrages de
de diorite; un peu plus loin, on observe, à la surface du
sol, une mine abondante de peroxyde de manganèse en
amas; le cours de l'Oyac qui, dans la partie inférieure,
prend le nom de Mahury, et le cours de l'Approuague,
sont aussi fréquemment interrompus par des barrages de
diorite. Cette même roche commence à se montrer dans
l'Oyapock, à 6 myriamètres de son embouchure, au delà
du premier saut; puis on la rencontre jusque vers les sources
du Camopi et du Samacou, affluents de l'Oyapock, près de
l'axe de la chaîne centrale du Tumucumaque.

Il paraîtrait que le terrain ancien dont il s'agit serait re-
couvert par un autre système de roches stratifiées, composées de schistes micacés, schistes talqueux, schistes argileux,
et de quartzites. Ces roches, qui occupent plusieurs pla-
teaux élevés de l'intérieur du continent et dont on ne rencontre que quelques lambeaux dans le voisinage des côtes,
sont abondantes dans le cours du Camopi, où l'on remarque
des couches découpées de quartzite formant, au milieu de
cette rivière, comme des pyramides de 15 à 20 mètres de
hauteur, et dans la Mana, où ils forment les onze premiers
sauts de cette rivière; ces divers schistes contiennent des
tourmalines, des grenats dodécaèdres, des staurotides, du
disthène et du fer sulfuré en filons. Ce terrain pourrait être
l'équivalent de la formation que M. Pissis a désignée sous
le nom de *talcite phylladiforme*, et qu'il a rapportée au terrain de transition dans son Mémoire sur la constitution
géologique du Brésil.

Quoi qu'il en soit, ces deux systèmes de couches ont été soumis, à plusieurs reprises, ainsi que je l'ai déjà dit, à l'action des forces internes du globe, lesquelles, en donnant à la contrée son relief actuel, sauf les effets de dénudation postérieurs, ont laissé subsister des traces évidentes des agents mis en œuvre.

La plus ancienne révolution qui ait affecté le sol de la Guyane française remonte à une époque géologique très-reculée, et paraît se rattacher à l'apparition d'une roche granitoïde connue sous le nom de pegmatite. Toutes les couches qui constituent les terrains décrits ci-dessus ont été soulevées, disloquées et traversées par cette roche d'origine platonique, qui, en s'injectant dans les fissures et en s'épanchant à la surface, a donné lieu à des filons de toutes dimension et à des masses considérables en recouvrement sur les diverses couches traversées.

Ce phénomène peut s'observer sur une foule de points; je citerai, entre les criques de Carouabo et de Malmanoury, deux protubérances de gneiss et de leptinite schistoïde, traversées par des filons peu épais, mais bien caractérisés de pegmatite à grains fins; l'une de ces masses fait saillie dans les terres basses de l'habitation Beauséjour, l'autre se montre dans les savanes noyées, situées derrière cette même habitation. L'embouchure de la rivière du Kourou est défendue par des rochers de gneiss traversés par plusieurs filons de pegmatite de 1 à 4 mètres de puissance, qui se croisent sous des angles plus ou moins aigus, mais dont la direction dominante est celle de l'E. N. E.; c'est une pegmatite à gros grains, dont le feldspath est rose et où le mica est rare; elle forme comme un bourrelet au-dessus de la roche encaissante dont la désagrégation est, à ce qu'il paraît, plus rapide.

Dans les terres basses situées sur la côte de Macouria, il existe aussi plusieurs protubérances de gneiss traversé par la pegmatite. Le filon principal de l'une d'elles, qu'on rencontre au contact d'un banc de sable et des vases, a 8 à 10 mètres de puissance ; la pegmatite y est à très-gros grains, tandis qu'elle est à grains fins dans les filons plus étroits. Cette différence de texture devait nécesairement résulter des deux conditions de refroidissement dans lesquelles se trouvait la matière pour cristalliser ; le mica y est assez abondant et s'y présente en grandes lamelles.

Plus loin, vers l'intérieur, dans la direction O. S. O., la pegmatite forme à la surface du sol une protubérance d'une vaste étendue qui présente quelque variété de composition ; ainsi la roche est tantôt micacée, comme un granit à gros grains, tantôt le mica disparaît et donne naissance à une variété de pegmatite, anciennement désignée sous le nom de *granit graphique* ou *hébraïque*. Les mêmes faits s'observent partout où la roche sous-jacente n'est pas recouverte par les terres argileuses qui constituent le sol des savanes ; en se rapprochant de Caïenne, on retrouve encore un exemple de ce fait à la pointe Larrivau.

La pegmatite a traversé non-seulement, comme nous l'avons dit, le gneiss et la leptinite, mais encore la diorite schistoïde qui fait partie du même système, le plus ancien de la Guyane ; les exemples en sont très-nombreux : le plus remarquable est offert par le massif dioritique sur lequel sont assis le fort et la grande caserne de Caïenne ; les filons y sont fort nombreux ; on en observe plusieurs très-puissants, et où la pegmatite est à gros grains, soit derrière le hangard de la douane, soit près d'une carrière d'où l'on a extrait les matériaux de la nouvelle jetée du port. La décomposition du feldspath y est très-avancée ; au N. E. du même massif, la diorite est traversée de filons de pegmatite rose qui ont de 1 à 2 décimètres de puissance et qui se dirigent à peu près à l'O. S. O.

La direction de l'E. N. E. à l'O. S. O. des filons de pegmatite a imprimé dans ce même sens, au sol de la Guyane,

un premier relief dont les pentes ont été en partie effacées
par une seconde dislocation plus considérable, à laquelle en
commençant nous avons cru devoir rattacher l'origine de la
grande chaîne centrale de Tumucumaque, qui court de l'E.
à l'O., et qui paraît devoir elle-même son existence à l'apparition d'une roche que j'avais cru pouvoir rapporter au
basalte, mais que, d'après ses allures et à la suite d'un examen plus complet de sa composition, on doit considérer
comme une mimosite.

Elle est, en effet, composée de cristaux de pyroxène, de
feldspath apparent et de fer oxydulé, et ne contient pas de
péridot. Cette roche noire cristalline se confond très-aisément
avec la diorite, et dans le pays elle est désignée, comme cette
dernière, sous le nom de grison ; mais, en étudiant attenti-
vement les divers massifs de diorite qui existent à découvert
sur la côte E. de l'île de Caïenne, on ne tarde pas à reconnaître qu'ils sont traversés dans une direction dominante E.O.
par une roche mimosite qui leur est étrangère et qui forme
de nombreux dykes, ainsi que des coulées à travers la diorite schistoïde ; ces dykes, qui traversent aussi les gneiss et les
leptinites, appartenant à la même formation, ont une épaisseur très-variable, qui exercent une influence, marquée sur
la texture de la mimosite, dont le grain, selon l'épaisseur du
dyke, passe de l'état de cristallisation discernable au compact.
Cette roche est attirable à l'aimant, en raison de la quantité
considérable de fer oxydulé qui entre dans sa composition et
qui, lorsqu'elle se décompose, est rassemblé à la surface du
sol, sous forme de sable noir, par les eaux pluviales. Ces
dykes sont surtout remarquables par les fragments de roche
encaissante qu'ils empâtent, et qui sont tantôt du gneiss,
tantôt de la leptinite, tantôt enfin de la diorite.

Ces diverses observations empruntent un certain intérêt
aux rapports qu'ils établissent avec les faits publiés récemment par M. Pissis, sur les soulèvements du Brésil, dans des

directions identiques à celles que j'ai cru reconnaître à la Guyane, avec cette différence que la première perturbation aurait eu pour cause, au Brésil, l'apparition, non des pegmatites, mais d'un granit porphyroïde, et que, dans la seconde perturbation, à l'apparition de la mimosite se serait jointe, au Brésil, celle d'une roche amphibolique qu'il m'a été impossible de discerner, dans la Guyane, de la diorite stratiforme.

Quant au troisième système de dislocation décrit par M. Pissis, au Brésil, je n'en ai pas reconnu de traces suffisantes à la Guyane pour le mentionner ici.

Toute la série des formations sédimentaires, comprises entre le terrain de transition et l'époque tertiaire, paraît manquer dans la Guyane et sa place être occupée par une roche ferrugineuse, qui, en recouvrant le terrain ancien sur une vaste étendue, a formé, soit de puissantes collines et des mornes dont la hauteur absolue atteint jusqu'à 250 mètres, soit des vallées et des plaines hautes constituant autour des terres basses, depuis l'Oyapock jusqu'à la Mana, comme une ceinture qui comprend les montagnes de la crique Katamina, d'Approuage, de Kaw, de la Gabrielle et du cours moyen de l'Oyac, ainsi que l'île de Caïenne et le sol rouge de la ville proprement dite, notamment de la savane qui en occupe le centre.

Cette roche, connue sous le nom de limonite, est composée de fer peroxydé hydraté, mêlé d'argile et de sable; elle offre plusieurs variétés d'aspect et de composition; tantôt elle a une contexture spongieuse; elle est tendre et contient des lits de kaolin coloré en rouge, l'eau et l'air la désagrégent promptement; on la désigne alors dans le pays sous le nom de *roche à ravet*. Tantôt ses cellules se rétrécissent, elle devient plus compacte, contracte un aspect métallique, et sa richesse en fer est telle, qu'elle constitue un véritable minerai, dont il existe des masses considérables sur une foule de points, notamment dans les montagnes de la Gabrielle, sur les rives de l'Approuague et de l'Oyac, et à la source de la fontaine de Baduel, à une lieue de la ville de Caïenne. Voici l'analyse chimique des échantillons que j'ai rapportés de ces diverses localités :

	LA GABRIELLE ET L'OYAC.	APPROUAGUE.	BADUEL.
Peroxyde de fer........	71	59	64
Argile et sable.........	14	26	20
Eau...................	15	15	16
	100	100	100

Exploitation des mines de fer.

Sous le rapport de la composition, ce minerai promettrait un rendement fort avantageux, et l'abondance inépuisable des bois semblerait offrir l'un des éléments principaux de toute exploitation de fer, le combustible. Mais serait-il de bonne qualité? Il est permis d'en douter. En effet, il est à remarquer que l'on serait obligé d'employer, à la fabrication du charbon, un mélange de tous les bois qui croissent dans les forêts voisines; or les bois à fibre lâche, à texture poreuse, y prédominent, et donnent, comme on sait, de fort mauvais charbon. Le Brésil, placé, quant au combustible, dans les mêmes conditions que la Guyane, puisque les mêmes essences croissent dans les forêts de ces deux pays, a offert récemment l'exemple de l'insuccès de plusieurs entreprises de hauts fourneaux: je me bornerai à citer, sur la foi de M. Pissis, un haut fourneau établi à Ypanema (province de Saint-Paul), où l'on n'a pu obtenir jusqu'ici, avec le charbon de bois, qu'une fonte pâteuse impossible à couler. D'un autre côté, les minerais de fer dont je donne l'analyse plus haut sont très-réfractaires, et le pays manque absolument de matières propres à servir de fondant, de castine en un mot; c'est là un obstacle auquel semblent n'avoir pas le moins du monde pensé toutes les personnes qui ont annoncé hautement que l'exploitation des mines de fer de la Guyane offrirait de grands avantages. L'obligation où l'on serait de tirer la castine des Antilles transformerait peut-être en pertes ces prétendus bénéfices; dans tous les cas, c'est une dépense à faire entrer en ligne de compte dans l'estimation des résultats.

La formation de la limonite est due, à en juger par l'analogie de composition et de gisement qu'elle offre avec une roche que j'ai observée en Sénégambie, et dont l'origine n'est pas douteuse, à des sources d'eau chaude ferrugineuses qui ont jailli, de l'intérieur de la terre, par les fissures que les dernières dislocations avaient laissé subsister. Ce fer, en contact avec les matières argileuses et arénacées, provenant de la décomposition des roches en place, en a soudé de nouveau les éléments; puis, par l'effet des érosions, ce nouveau terrain a été découpé en collines ou mornes de forme arrondie et en vallées ou plaines hautes ondulées. Tel est, pour ne citer qu'une localité, le sol de l'île de Caïenne.

Une roche ferrugineuse d'une autre constitution se montre çà et là, en couches, au pied des mornes de limonite; c'est un assemblage de boules pisolithiques dont la grosseur varie entre celle d'un obus et celle d'un pois; les couches en sont concentriques, et le milieu est occupé par un grain de sable; le mode de formation bien connu de cette espèce de conglomerat rentre, après tout, dans celui de la limonite, dont elle est une variété; elle existe en abondance dans le haut des rivières de l'Oyac et de la Mana, au pied de la montagne dioritique du Mahury, à la pointe Larrivau et sur une foule d'autres points.

L'âge de ce terrain paraît fort récent, si l'on s'en rapporte à son identité de composition et d'allure avec les terrains

que j'ai observés en Afrique, et qui sont évidemment postérieurs aux basaltes du Cap-Vert et des îles du Cap-Vert,
lesquels sont de la fin de l'époque tertiaire, ainsi que je suis
en mesure de l'établir, d'après les couches fossilifères qu'ils
renferment; nous pensons donc que la limonite appartien-
drait à la partie supérieure du terrain tertiaire. Quelle est
la cause qui a mis fin à ce dépôt? Il serait fort difficile de
la déterminer *à priori;* quoi qu'il en soit, elle a fait place
assez brusquement aux causes actuelles, auxquelles sont
dues les deux natures de dépôts alluviens dont nous allons
parler.

Terres basses.

Ces dépôts alluviens bordent la côte dans un rayon
dont la profondeur moyenne est de 4 myriamètres. Les
parties de ce dépôt les plus rapprochées du pied des
montagnes sont d'immenses plaines dont le sol argileux,
formé par la mer aux dépens des roches feld-spathiques
voisines, conserve les eaux pluviales dans ses dépressions,
résultant, sans doute, du tassement inégal des matériaux,
et donne naissance à des *pinotières* et à des savanes noyées
ou *prispris,* espèces de marais qui ne sèchent jamais complétement, faute d'écoulements suffisants, bien que leur
niveau, exhaussé par un abondant terreau, soit aujour-
d'hui supérieur à celui de la mer. Des bouquets de bois
interrompent de distance en distance ces immenses prai-
ries, et en dérobent à l'œil l'étendue. On remarque enfin,
entre Kaw et le Mahury, ainsi que dans le quartier de Sinnamary, de vastes espaces formés par l'assemblage d'herbes
aquatiques reposant sur un fond de vase molle; ce sont de
véritables tourbières en voie de formation, qu'on désigne
dans le pays sous le nom de *savanes tremblantes.*

Sous le vent de Caïenne, c'est-à-dire au N. O. de la
Guyane française, le dépôt argileux dont il s'agit est séparé des terres alluviennes toutes modernes, par un puis-

sant banc de sable mêlé de quelques débris de coquilles ma-
rines d'espèces actuellement vivantes sur la côte.

Ce banc, qui forme le long de la mer de légères ondula-
tions et de petites dunes, depuis le quartier de Macouria
jusqu'à l'embouchure du Maroni, dans une longueur de
plus de 5o lieues, est évidemment un relais de la mer et
ne saurait être attribué au cours des rivières de la Guyane.
Mais d'où vient aujourd'hui qu'il a cessé de se former pour
faire place à un dépôt d'une tout autre nature, qui est venu
se poser à ses pieds? Il s'est nécessairement introduit de nos
jours une modification importante dans les causes qui président à la formation de ce continent. Cette modification
ne se rattacherait-elle pas au grand courant océanique qui
longe, comme on sait, la côte dans la direction du S. au
N.? Ce courant, après avoir longtemps battu la ceinture
rocheuse sous-marine, formée par le prolongement des
diverses chaînes de montagnes du continent brésilien, et
dont l'amiral Roussin a signalé l'existence sur la côte du
Brésil depuis Sainte-Catherine jusqu'à Maranham, et avoir
charrié ses débris, sous forme de sable, sur les côtes de la
Guyane, s'est attaqué aux anciens dépôts alluviens de la
rive droite de l'Amazone qu'il emporte aujourd'hui dans
son cours et qu'il dépose sans doute un peu plus loin, c'est-
à-dire sur les côtes de la Guyane, à la faveur du remous
occasionné par sa rencontre à angle droit avec le puissant
courant des Amazones et des nombreuses rivières de la
Guyane, lesquelles viennent aussi ajouter quelques matériaux au dépôt dont il s'agit.

Ainsi s'expliquerait la présence de ces coquilles d'huîtres
qu'on rencontre dans les terres basses de l'intérieur, celle
d'une ancre qu'on a trouvée enfouie dans les vases de la vaste
plaine que dessèche en partie le canal de Torcy, ancre qui
indique une station de navire sur ce point distant aujour-
d'hui de 2 lieues de la mer. On pourrait aussi attribuer à
cette cause l'exhaussement du fond du mouillage occupé,

en 1676, par l'escadre du maréchal d'Estrées, près des îlots Malouins, qui font aujourd'hui partie intégrante de l'île de Caïenne, et où il existe des cultures de vivres, de cotonniers et de girofliers; enfin, l'élévation toujours croissante du fond de la mer sur les côtes de la Guyane, fait si évidemment établi par les cartes hydrographiques les plus récentes. Quoi qu'il en soit, ces plaines, qui se prolongent au loin dans la mer, sont formées de vases argileuses qui, lorsqu'elles se découvrent à marée basse, ne tardent pas à être occupées par une forêt de palétuviers et de mangliers dont les mille racines fixent la vase, tandis que les branches et les troncs forment un obstacle à l'envahissement des eaux de la mer. Derrière cet abri, divers végétaux qui demandent un sol moins mouillé et surtout plus dessalé, succèdent aux palétuviers, qui ne peuvent plus y vivre. Tel est, entre autres, le palmier pinot; ce sont ces mêmes terres qui, desséchées au moyen de fossés, de digues et d'écluses, jouissent d'une fertilité à nulle autre comparable.

Un fait qui se rattache au mode de formation de ces terres, et qui demande encore à être étudié, est celui-ci : il résulte de remarques qui remontent fort loin, que, dans une période de cinquante ans, la mer dépose, sur quelques parties des côtes, des vases qu'elle attaque ensuite avec furie et qu'elle reprend en partie; c'est ce qui s'est passé tout récemment le long de la côte de Macouria. Des espaces considérables de terres cultivées en cotonniers ont été enlevés devant l'habitation Lalanne, et j'ai vu les terres de l'habitation l'Union fortement compromises par la mer, qui avait déjà fait disparaître la ceinture de palétuviers qu'on avait eu le soin de conserver entre la mer et les cultures, pour les protéger; tandis que, non loin de là, une protubérance de gneiss, traversée par la pegmatite, et située sur les devants de l'habitation Beauséjour (quartier de Sinnamary), formait, il y a vingt-trois ans, un îlot dans la mer, dont elle est séparée aujourd'hui par 5,000 mètres de terres basses dont une partie est en culture, et qu'entre la crique de Malmanoury et Sinnamary, le dépôt de vases a peu d'années d'existence et ne saurait encore être cultivé. Il paraîtrait que ces dépôts sont protégés par des bancs sous-marins de vases, qui, tant qu'elles sont molles, se déplacent en partie. au gré des vagues, en en amortissant l'effet; mais, lorsqu'au bout d'un certain temps ces vases se prennent à durcir, elles offrent une résistance contre laquelle le flot vient lutter, et qu'il finit par surmonter; alors les vases desséchées, ayant perdu leur défense avancée, sont elles-mêmes en butte à ses atteintes. La réapparition des bancs de vase molle est le signal de la fin de la crise; jusque-là le colon ne saurait être rassuré sur le sort des terres qu'il cultive.

Canaux.

Il existe à la Guyane française un assez grand nombre de canaux creusés de la main de l'homme dans les pinotières et les savanes; le plus ancien est celui du Collége, exécuté par les soins de l'ingénieur Guisan; il sert à la fois au desséchement des terres et à la navigation; il a environ 5,000 mètres de longueur et verse ses eaux dans l'Approuague : la berge gauche sert de chemin.

Le *canal Laussat* borde la ville de Caïenne au S.; il sert à la navigation et à l'écoulement des terres voisines, qu'il a assainies. Son peu de développement lui donne, d'ailleurs, une importance fort secondaire.

Le *canal de Torcy*, creusé parallèlement à la côte, et aujourd'hui fort rapproché de la mer par suite des envahissements qu'elle a faits récemment, verse ses eaux dans le Mahuri; il a 6,600 mètres de longueur et une largeur moyenne de 14 mètres. A marée basse, il sert à l'écoulement des eaux des terres avoisinantes, qui, sur sa rive gauche seulement, sont encore cultivées. A marée haute, il est navigable pour les grosses barques. Ses digues, exhaussées au-dessus du niveau des plus hautes marées, protégent les habitations du côté de la mer, tandis que des digues d'entourage, en les préservant, du côté de l'intérieur, des eaux douces des savanes, occasionnent un gonflement tel, que le niveau de ces dernières dépasse quelquefois celui des plus hautes marées; les habitations, cernées de toute part, présentent alors l'aspect d'îles entre la mer et les eaux douces. Si l'on eût exécuté le projet qu'on avait conçu de continuer ce canal jusqu'à la rivière de Kaw, il aurait acquis, comme moyen de desséchement, et au point de vue de la navigation, un intérêt qu'il est bien loin d'offrir aujourd'hui.

La *Crique-Fouillée* est, sous ce dernier rapport, d'une grande importance : ce canal, d'une longueur d'environ 8 à 9,000^m, partage en deux parties le territoire de l'île de Caïenne, et offre, entre le Mahury et le port de Caïenne, une communication précieuse pour les habitants des quartiers de Roura, du Tour-de-l'Île et de l'île de Caïenne, qui peuvent ainsi apporter par eau tous leurs produits à la ville, sans emprunter la mer.

Routes.

Les environs de la ville Caïenne sont percés de plusieurs routes praticables pour les voitures. La plus importante, de la longueur d'environ 2 myriamètres, aboutit au dégras des cannes, près de l'embouchure du Mahury. Il n'existe, dans la colonie, à travers les terres hautes, qu'une seule voie de communication; elle tend de Caïenne à Oyapock. Ce chemin, si l'on peut appeler ainsi une clairière sabrée deux fois par année pour conserver l'existence de sa trace, et où le sol ferrugineux, couvert d'aspérités et entrecoupé de racines, est obstrué presque à chaque pas par des arbres abattus en travers et dont les énormes troncs et les innombrables branches obligent à de longs détours au milieu des lianes entrelacées qui disputent pied à pied le terrain, ce chemin, dis-je, parcourt du N. au S., dans sa plus grande

longueur, l'île de Caïenne, se continue sur la rive droite
de la rivière d'Oyac, qu'on traverse devant le poste militaire de Roura, se prolonge à l'E. S. E. à travers un terrain
fortement ondulé et entrecoupé de bas-fonds inondés pendant la saison de l'hivernage, et descend sur Kaw ; après
avoir traversé la rivière de ce nom, il côtoie, en se diri-
geant à l'E. la petite montagne des Sables; sur ce point, les
prispris (espaces inondés) sont si profonds, qu'on peut re-
garder le chemin comme impraticable, bien que, pour faciliter ces passages, on ait jeté en travers quelques arbres
en manière de ponts; mais ces pièces de bois glissantes et
étroites, recouvertes par 2 pieds d'eau trouble, ne sauraient
dispenser d'entrer quelquefois dans l'eau jusqu'à la ceinture. On gagne ainsi, par la digue de l'habitation du Collége, la gauche de la rivière d'Approuague, qu'on traverse en canot, pour remonter la rivière de Courrouaïe
dans l'espace de 3 lieues jusqu'au fond de la Crique-Kata-
mina; le chemin emprunte alors, jusqu'à l'Ouanari et au
delà, à travers une forêt vierge, une petite chaîne de montagnes formée de douze mornes qui se succèdent, comme
ceux qui existent entre l'Oyac et Kaw.

Un seul chemin traverse les terres basses; il est situé
sous le vent de Caïenne et établit une communication
entre cette ville et Mana, par les quartiers de Macouria,
Kourou, Sinnamary et Iracoubo. De la pointe de Macouria,
où il commence, il suit, à travers des bois et des savanes,
un terrain de roches ferrugineuses auxquelles succède, à
2 lieues plus loin, un banc de sable dont le niveau est supérieur à celui des plus hautes marées : ce banc est séparé
de la mer par un vaste dépôt de vases couvertes de palétuviers, et qu'on dessèche pour y cultiver le coton. Des habitations plus ou moins importantes sont établies le long
de ce chemin, qui peut être parcouru jusqu'à Kourou par
des voitures; au delà de la rivière de Kourou, qu'on traverse au moyen d'un bac, il n'est plus praticable qu'à

cheval ou à pied ; en sortant de Kourou, il se bifurque : l'un des embranchements s'enfonce dans l'intérieur des terres basses et conduit à Sinnamary à travers d'immenses savanes et des prispris ; il est coupé par les criques de Carouabo et de Malmanoury, qu'il faut franchir au moyen de bateaux ; l'autre embranchement, appelé chemin de l'Ance, suit, non loin de la mer, la ligne de jonction du banc de sable dont j'ai déjà parlé et du dépôt vaseux ; il traverse sur des ponts les criques de Carouabo et de Malmanoury, et rejoint à Sinnamary le chemin des savanes ; de là, on suit, sans s'éloigner de la mer, un banc de sable jusqu'à Iracoubo et à Mana.

CHAPITRE II. — Météorologie.

Température.

La température de la Guyane n'est pas aussi élevée que le ferait supposer sa proximité de la ligne équatoriale ; elle est plus uniforme qu'en aucun lieu de la terre ; des observations faites avec exactitude, pendant un an, présentent les résultats ci-après :

Maximum.. 26° 1/4 Réaumur.
Minimum.. 18° 1/4
Moyenne .. 22°
Mes propres observations, en février et mars 1843, m'ont fourni :
Maximum.. 23° Réaumur, vers une heure de l'après-midi.
Minimum.. 17° 1/2, une heure avant le jour.
Moyenne .. 20° 1/4.

Mais, il faut le remarquer, le corps humain n'éprouve pas la sensation de la chaleur à la manière d'un thermomètre, que l'air en mouvement et l'humidité n'affectent pas sensiblement, tandis que ces deux agents exercent une action très-marquée sur les organes de l'homme ; aussi une

température humide plus basse qu'une température sèche
est-elle moins supportable que cette dernière; or, à la Guyane,
l'air est souvent saturé d'humidité, par suite de l'immense
évaporation d'un sol presque continuellement inondé. Depuis le mois de novembre jusqu'en juillet, l'hygromètre
est presque constamment à zéro. C'est cette humidité qui,
combinée avec la chaleur, énerve les forces de l'homme.
Toutefois, les brises du soir, pendant l'hivernage, en rafraî-
chissant l'air, viennent rendre du ton à ses organes, et, au
demeurant, à la Guyane, la température, quand on ne se
livre pas à un exercice violent, est supportable, plus supportable que la chaleur en France, dans nos beaux jours
de l'été.

Climat.

Le climat est bien loin d'être aussi malsain qu'on le pense
généralement, par suite, sans doute, de quelques essais de
colonisation aussi mal conçus que mal exécutés, et auxquels
a présidé l'oubli le plus complet, je ne dis pas des notions
qu'on possédait sur le pays, mais des conditions d'existence
communes à tous les pays du monde.

Maladies endémiques.

Le pays est fiévreux, c'est chose incontestable ; les fièvres
intermittentes y règnent partout, avec plus ou moins d'intensité, pendant une grande partie de l'année, excepté à
Caïenne même, ville où l'air est aussi salubre que dans les
deux tiers des villes de France. Ces fièvres sont quelquefois
fort tenaces et conduisent à des hépatites et à des hydro-
pisies; la dyssenterie vient aussi s'y mêler, mais elle n'offre
pas, à beaucoup près, les mêmes dangers qu'ailleurs, et l'on
en guérit ordinairement en s'assujettissant à un régime sé-
vère. Les blessures les plus légères occasionnent quelque-

fois le tétanos; toutefois, cette maladie n'est guère plus fréquente qu'en Europe pendant les chaleurs.

Toutes les autres maladies n'offrent pas, à la Guyane, d'autres caractères qu'en Europe, si l'on en excepte l'effet de l'insolation, qui y détermine quelquefois des maladies inflammatoires du cerveau, dont l'invasion et la marche effrayent par leur rapidité. Mais, enfin, on a beaucoup exagéré l'effet du soleil, et il est facile de s'en garantir en évitant de s'y exposer en plein midi, et en plaçant quelques feuilles dans la coiffe de son chapeau.

Les fièvres intermittentes ne sont donc, après tout, je le répète, que la seule maladie dont il faille se préoccuper; eh bien, elles ne sont ni plus fréquentes, ni d'une autre nature que sur le littoral des arrondissements de Rochefort et de Marennes (Charente-Inférieure), où les mêmes causes, c'est-à-dire l'existence des marais qui se dessèchent en été, produisent les mêmes effets. J'ai habité un an le pays dont je parle, et c'est en parfaite connaissance de cause que je le prends pour terme de comparaison. N'était donc, en été, la fraîcheur des nuits de la Saintonge, vous auriez la représentation la plus exacte du climat de la Guyane dans ses plus mauvais lieux et dans la saison la plus insalubre. Je ne saurais rendre plus complétement ma pensée, et elle a pris, de l'examen des lieux et des enquêtes consciencieuses que j'ai faites, le caractère d'une conviction des mieux arrêtées; mais la fraîcheur des nuits contribue, en Saintonge, à rendre du ressort au corps énervé par la chaleur du jour, et il s'y joint l'effet salutaire de quelques variations thermométriques qui ne se manifestent pas à Caïenne.

Quoi qu'il en soit, les fièvres ne sont pas plus fréquentes, je le répète, à la Guyane que dans la basse Saintonge, et leur nature est identique. On a considérablement assaini Rochefort et ses environs par des travaux de desséchement; de même, les alentours de Caïenne deviennent tous les jours plus sains, par l'emploi des mêmes moyens; je ne fais donc aucun doute que les fièvres ne disparaissent en partie, au fur et à mesure que le cercle des travaux de défrichement s'agrandira.

Il est évident, toutefois, que la constitution de l'Européen s'altère à la longue, à la Guyane, sous l'influence de la chaleur humide qui y règne constamment. Son premier effet est la décoloration de la face, qui contracte une teinte jaunâtre; puis les forces diminuent graduellement, le corps perd de sa vitalité, l'esprit de son activité; ce sont aussi là les effets du climat dans la basse Saintonge, et si l'on pensait que j'exagère, qu'on reporte ses souvenirs sur la ville déserte de Brouage, où les corps d'infanterie qui y tiennent garnison comptent souvent sur 100 hommes 80 fiévreux; qu'on consulte les états mensuels de l'effectif des brigades de douane de l'inspection de Marennes, où j'ai vu, en été, 50 à 60 hommes sur 100 atteints de la fièvre. Nul endroit de la Guyane n'offrirait une situation pire, que dis-je? une situation égale. Mais la fièvre a pour effet immédiat de paralyser l'énergie de l'âme; alors, dans l'isolement d'une habitation, la nostalgie s'empare bien vite de l'Européen, qui se voit comme abandonné du monde entier, et il meurt, faute de la volonté de vivre.

Je compléterai ce qu'il me reste à dire sur ce sujet, lorsque je traiterai la question du travail des blancs à la Guyane; je me bornerai ici à une dernière observation : les tempéraments nerveux sanguins m'ont paru résister infiniment mieux au climat de la Guyane; ainsi la constitution des *blonds* s'altère moins profondément, moins rapidement que celle des bruns; ils ne sont pas autant abattus par la fatigue, et perdent moins de leur énergie native. Cette opinion paraîtra peut-être contraire à la loi providentielle, qui, en procédant à la distribution des races en Europe, a placé les bruns au Midi et les blonds au Nord ; mais elle n'en est pas moins exacte; les faits sont là : qu'on les consulte. Si l'on considère, au

surplus, qu'à la Guyane la plupart des maladies des Européens sont des affections bilieuses, auxquelles les bruns
sont bien plus disposés par leur constitution que les blonds,
on s'étonnera moins de la remarque que nous avons
faite.

Saisons.

Les saisons, à Caïenne, ne sont guère marquées que par
l'époque des pluies, car la température moyenne entre l'été
et l'hiver ne diffère que de 3 à 4 degrés. Il y a deux saisons : la saison sèche, qui dure 4 à 5 mois, pendant laquelle
il pleut peu ou il ne pleut point, et la saison pluvieuse, dont
la durée est de 7 à 8 mois, et qui est ordinairement interrompue en mars par 3 ou 4 semaines de beau temps. La
pluie y tombe tantôt par grains avec des embellies, tantôt
d'une manière continue et avec une violence dont on n'a
point d'idée dans le nord de la France.

Udométrie.

La Guyane est le pays de la terre où il tombe le plus
d'eau : voici le résultat moyen que présente l'udomètre,
pendant l'année, à Caïenne.

Janvier...................................... $0^m,189$
Février...................................... 0 ,448
Mars.. 0 ,583
Avril....................................... 0 ,429
Mai... 0 ,561
Juin.. 0 ,529
Juillet..................................... 0 ,128
Août.. 0 ,049
Septembre................................... 0 ,036
Octobre..................................... 0 ,020
Novembre.................................... 0 ,175
Décembre.................................... 0 ,193

                   TOTAL............... 3 ,340

Il paraîtrait que la quantité d'eau qui tombe vers l'Oyapock est encore plus considérable, et qu'elle peut être es-
timée à 3^m,80; c'est à peu près 7 fois autant qu'à Paris, où
la moyenne est de 0^m,53. Dans une expérience faite au port
de Mapa, en 1839, l'udomètre a donné 0^m,098 d'eau en
24 heures.

Vents.

Aux approches de la saison pluvieuse, les vents se rapprochent de l'E. pour rallier ensuite le N. E.; ils balayent
alors devant eux les abondantes vapeurs qu'engendre l'immense surface d'évaporation des mers tropicales, les portent
vers le continent de la Guyane, et en accumulent d'abord
les nuages sur les points culminants de l'intérieur, où ils
s'arrêtent et se condensent par le refroidissement, avant
de s'abattre sur les plaines basses et chaudes des bords de
la mer; aussi, les pluies de l'intérieur devancent-elles celles
du littoral, et voit-on les crues des rivières précéder de
plusieurs jours l'époque des pluies qu'elles annoncent aux
habitants des terres basses. Vers le mois de juillet, les vents
serrent l'E., le dépassent même et se rapprochent du S.;
les vapeurs de l'Océan sont alors chassées vers la chaîne des
Antilles, et y déterminent la saison des pluies, tandis qu'une
sécheresse plus ou moins opiniâtre règne à la Guyane,
sans que les brises de mer en viennent rafraîchir l'atmosphère embrasé.

Durant le petit été, c'est-à-dire vers l'équinoxe du printemps, les vents rallient le N. et le N. N. O., les vapeurs océa-
niques ne sont plus poussées en aussi grande abondance
vers le continent de la Guyane; quelques beaux jours luisent
pour ce pays, et viennent interrompre cette série sans fin
de jours pluvieux.

La périodicité des vents généraux, jointe à l'effet du courant océanique qui se dirige du N. au S., rend très-difficile,
pour tous autres bâtiments que les navires caboteurs, qui

calent peu d'eau et qui peuvent dès lors serrer la côte et profiter des remous, les communications par mer du N. O. au S. E., depuis le mois d'avril jusqu'au mois de décembre; mais, à cette époque; les vents du large deviennent *traversiers* et permettent, pendant 3 ou 4 mois, aux navires du plus fort tonnage, de lutter contre les courants pour suivre le S. E.

Marées.

La marée se fait sentir jusqu'à 7 à 8 lieues de la côte; sa hauteur maximum est de $3^m,17$, et sa hauteur minimum de $2^m,17$; conséquemment sa hauteur moyenne est de $2^m,67$.

Durée des jours.

Au solstice d'été, le 22 juin, le lever du soleil a lieu à 5 heures 51 minutes, et son coucher à 6 heures 9 minutes; ce jour, le plus long de l'année, a 12 heures 18 minutes. Au solstice d'hiver, le 22 décembre, le soleil se lève à 6 heures 9 minutes, et se couche à 5 heures 51 minutes; ce jour, le plus court de l'année, a 11 heures 42 minutes.

Orages et ouragans. Tremblements de terre.

Les phénomènes électriques de l'atmosphère ont peu d'intensité à la Guyane; aussi les orages y sont rares et les ouragans inconnus.

Les tremblements de terre n'ont jamais causé le moindre dommage à la Guyane, dont le sol n'est pas, d'ailleurs, de la nature de ceux qu'agitent de préférence les forces internes du globe. Depuis 50 ans, on n'a ressenti que 3 légères secousses : la première, en 1794; la seconde, en 1821; et la troisième, le 8 février 1843, à 11 heures 25 minutes du matin. Cette dernière est celle qui a détruit de fond en comble la Pointe-à-Pître; elle a été à peine sensible à la Guyane.

Magnétisme terrestre.

La déclinaison et l'inclinaison de l'aiguille aimantée sont

en tout temps à peu près nulles à Caïenne ; la déclinaison est en ce moment de 1° vers l'E. Caïenne paraît donc être dans le voisinage d'un point fixe de la courbe sinueuse désignée sous le nom d'équateur magnétique.

Barométrie.

Les variations barométriques sont à peu près nulles à Caïenne : pendant mon séjour, elles ont flotté entre $0^m,7657$ et $0^m,7605$, donnant pour moyenne $0^m,7631$.

CHAPITRE III. — DES CULTURES ET AUTRES EXPLOITATIONS RURALES ET DE LEURS PRODUITS.

Coup d'œil général.

Quoi qu'on ait dit de la fécondité du sol de la Guyane, ce n'est qu'en parcourant le pays qu'on peut se former une idée de la vigueur vraiment prodigieuse de sa végétation et des mille variétés de formes sous lesquelles se révèle sa puissance. Le voyageur de la vieille Europe, qui se trouve pour la première fois face à face avec cette nature neuve, s'arrête immobile, interdit, à l'entrée du bois qu'il s'était proposé de traverser ; un sentiment de stupeur s'empare de lui, devant cette puissance inconnue, mystérieuse, qui semble lui disputer la possession de cette terre où l'homme règne ailleurs en roi absolu. Il s'inquiète d'une lutte avec un nouveau rival qui n'a cependant à lui opposer qu'une masse pressée, confuse, obscure, de troncs, de branches et de feuilles ; mais l'œil la mesure, l'interroge inutilement ; mais le plus profond silence y règne, et ce silence rappelle incessamment à l'homme qu'il est seul, et que seul il n'est pas de taille à lutter contre cette masse indomptée.

Aussi, plus à la Guyane qu'en tout autre pays du monde, la loi d'association qui régit l'homme fait-elle comprendre ses nécessités : s'il y eût mieux obéi, il fût plus sûrement parvenu à diriger, selon ses besoins, cette puissante végétation, en s'appliquant surtout à en tempérer l'excès ; car ici l'œuvre de l'homme est bien moins d'exciter la terre à produire que de combattre sans relâche cette exubérance de vie sauvage qui dispute aux cultures la place qu'il leur a préparée.

Toutefois, si les divers sols de la Guyane sont doués de ces hautes facultés productrices, ils ne le sont, relativement aux végétaux appropriés aux besoins de l'homme, qu'à des degrés très-variés, qui dépendent de la situation des cultures en terres hautes de montagne, en terres hautes de plaine et en terres basses.

Les terres hautes de montagne qui, dans l'état de nature, sont couvertes de forêts et de hautes futaies, ne sont propres qu'à certains produits, et l'on a promptement atteint la limite de leur fécondité à l'égard de quelques cultures qui épuisent le sol d'autant plus promptement que, par suite de sa déclivité, l'humus est incessamment entraîné par les pluies diluviales de l'hiver et du printemps, lesquelles ne laissent souvent à la surface du champ cultivé qu'une roche dénudée.

Les terres hautes de plaine sont dans de meilleures conditions : situées au pied des pentes, elles sont formées, comme nous l'avons déjà dit ailleurs, des détritus des terres hautes de montagne qui les enrichissent de leur humus : généralement pierreuses sur les pentes, elles sont argileuses dans les bas-fonds et noyées en partie par les pluies de l'hivernage ; elles constituent des savanes où les bestiaux trouvent, à cette époque de l'année, de bons pâturages : mais, sur plusieurs points d'une vaste étendue, la couche de terre végétale a acquis une grande épaisseur favorable à l'absorption de l'eau pluviale, de sorte que ces terres, sans être inondées, conservent une grande humidité qui, combinée avec la chaleur du climat, est très-propre à la végétation. Ces terres, qui constituent une grande partie du sol de l'île de Caïenne, sont les premières où l'on ait cultivé en grand la canne à sucre ; mais on y a promptement renoncé, en raison de leur infériorité relativement aux terres basses proprement dites. Du reste, sans avoir la même composition chimique que le sol de la Martinique et de la partie de la Guadeloupe désignée sous le nom de Basse-Terre, ces terres hautes ont beaucoup d'analogie avec ce sol au point de vue agricole, et pourraient être cultivées par les mêmes méthodes avec autant de succès. Des engrais et l'emploi de la charrue y renouvelleraient les merveilles obtenues par ces deux moyens dans nos Antilles : les essais faits par MM. Lalanne ne laissent aucun doute à cet égard ; mais elles nécessiteraient les mêmes frais, et c'est précisément par l'économie de leur mode d'exploitation que les terres basses proprement dites, dont nous allons parler, l'emportent sur toutes autres.

En effet, si ces terres, situées au-dessous du niveau des hautes marées, exigent, au préalable, des travaux dispendieux de desséchement, consistant en canaux, fossés, digues en terre et coffres à écluse, elles offrent, en compensation, grâce à ces mêmes canaux, un mode de transport fort économique pour les récoltes, jusqu'aux usines où elles doivent recevoir les préparations exigées ; aussi peut-on se dispenser, dans la plupart des grandes habitations, d'entretenir des bêtes de somme. D'un autre côté, ces terres basses ont une épaisseur de terreau et d'humus telle, que leur fécondité semble à peine diminuer après nombre d'années consécutives des cultures les plus épuisantes, pendant lesquelles non-seulement elles n'ont jamais reçu d'engrais, mais on n'en a pas même renouvelé la surface en les retournant ; on verra, en effet, lorsqu'il sera question de chaque culture en particulier, qu'après avoir, tant bien que mal, nettoyé, par le moyen du feu ou à la hache et à la serpe, le terrain des végétaux qui l'occupaient, on se borne à ouvrir à la pelle le sillon qui doit recevoir la plante en culture, sans avoir, au préalable, donné à la terre d'autre préparation que celle qui consiste dans sa division en carreaux par des fossés et des rigoles. Aussi cette terre, qui n'est plus soulevée par les racines des grands végétaux qu'elle nourrissait dans l'état de nature, finit-elle par se tasser de manière à devenir imperméable à l'eau ; alors il faut l'abandonner et la laisser se reposer, c'est-à-dire la couvrir de ces menus végétaux dont les racines, en s'y frayant de nouveau un passage, lui rendront, avec la perméabilité, la fécondité qui en est la conséquence.

On a pensé que la charrue, s'il était possible de l'employer, remédierait à cet état de choses, en renouvelant la surface des champs ; c'est à mes yeux une erreur, parce que le soc n'atteindrait jamais à la partie qui se tasse, et c'est là qu'est le mal : au surplus, la charrue ne saurait recevoir d'emploi dans les terres basses, parce que la première condition de leur culture, c'est le prompt et complet écoulement des eaux pluviales ; pour l'obtenir, il est indispensable que les champs soient divisés en carreaux étroits, séparés par des fossés profonds, puis, que chaque carreau soit lui-même coupé par des rigoles bien entretenues. Or, la charrue, encore bien qu'on pût la manœuvrer dans ces terres argileuses et toujours mouillées, ce que beaucoup de personnes n'admettent pas, effacerait toutes ces saignées, qu'il faudrait ensuite rétablir à la pelle ; ce serait donc un double travail. Telle est l'opinion des agronomes les plus capables de la Guyane et ce ne sont pas, qu'on le sache bien, de ces gens encroûtés, aveuglément attachés à de vieilles pratiques de leur pays. La plupart n'ont pas d'antécédents à suivre. Nés ailleurs qu'à la Guyane, tout y a été nouveau pour eux à leur arrivée dans cette colonie, et ils seraient bien plus disposés à innover qu'à imiter servilement leurs devanciers. Aussi les essais de charrue n'ont pas manqué, et l'on a pu en constater l'inefficacité en terre basse. C'est qu'en effet la charrue n'a rien à ajouter à la fécondité naturelle du sol; on aurait pu lui demander d'en entretenir la perméabilité, si elle eût pu atteindre la couche argileuse qui se durcit, et c'est à cet inconvénient précisément qu'elle ne peut porter remède. On est généralement trop disposé à considérer les procédés de culture en usage à la Guyane comme arriérés; ils sont à peu près ce qu'ils peuvent être dans les conditions et avec les moyens de travail dont on dispose. Ce n'est pas là qu'il faut chercher la cause de l'état de marasme de la population, du peu de développement des cultures et de la défectuosité de quelques produits; il faut remonter beaucoup plus haut et jusqu'à la constitution de la propriété coloniale : c'est à ces concessions éparses de terrain, à la dispersion des travailleurs, à l'éparpillement d'une population de 26,000 âmes sur une surface de 450 lieues carrées, où les défrichements ont été commencés de tous côtés simultanément, qu'il faut l'attribuer. Il en est résulté l'isolement des habitations, qui s'oppose à ce commerce d'échange de tous les jours qui aurait tant ajouté à la civilisation et au bien-être des nègres, isolement qui ne permet pas ces communications journalières si nécessaires à la situation physique et morale du colon et au progrès de l'industrie; isolement qui, en l'obligeant à se suffire à lui-même dans tous ses travaux de maçonnerie, de forge, de charpenterie, de menuiserie et de mécanique, comme à tous les besoins de la vie domestique, augmente ses frais généraux et, dès lors, le prix de revient de ses produits.

Les terres en culture ainsi disséminées ne sauraient, comme en Europe, emprunter de valeur au voisinage des centres de population et de ressources; elles ne valent exactement que ce que leur défrichement a coûté de main-d'œuvre, car des situations identiques s'offrent, de toutes parts, au premier venu qui veut entreprendre de pareils travaux; or, il résulte de diverses estimations qu'une surface de 20 hectares demande :

3.

1° Pour les travaux de desséchement, endiguement, canaux.. 2,000 journées.
2° Pour désouchement et défrichement................ 2,400

TOTAL.................... 5,000

5,000 journées de travail, à 1 fr. 50 cent., donnent........ 7,500 francs.
Pour achats divers d'outils, coffres d'écoulement, etc........ 1,000

TOTAL de la dépense................ 8,500

Ainsi l'hectare de terre basse, prêt à être planté, revient à 425 francs ; mais lorsque l'entourage est plus grand, les frais d'endiguement diminuent par rapport aux surfaces, puisque ces dernières augmentent comme le carré des côtés. On peut donc évaluer généralement à 400 francs la valeur du travail qui donne la propriété d'un hectare de terre entourée et desséchée.

En terre haute de montagne ou de plaine, on cultive avec plus ou moins de succès le giroflier, le rocouyer, le caféier, le cannellier, le cacaoyer et le cotonnier. Quant au muscadier, au poivrier, et à l'arbre des quatre épices, ils sont en trop petit nombre pour prendre rang parmi les récoltes de rapport. Nous en parlerons, néanmoins, ainsi que de la canne à sucre, qu'on cultive encore en terre haute, du riz et des principales plantes vivrières.

On donne la préférence aux terres basses pour la presque totalité de ces cultures.

Nous ne nous étendrons pas davantage sur ces généralités, et nous passerons immédiatement à l'exposé de l'état de chaque culture et de la situation des autres exploitations rurales.

DU ROCOU.

Année moyenne calculée   1832 à 1836...... 235,713 kilogrammes.
sur les produits des 5 années   1837 à 1841...... 486,695

Augmentation annuelle moyenne, en 5 ans.. 150,982

Situation de cette culture en 1841, comparée à celle de 1836.

ANNÉES.	NOMBRE		
	d'hectares en culture.	d'habitations rurales.	d'esclaves cultivateurs.
1836.................	1,760	124	2,693
1841.................	2,473	118	3,657
Augmentation.........	713	*// *	964
Diminution...........	*//*	6	*//*

Le rocou est une matière colorante employée dans les arts pour teindre la laine, le coton et la soie en rouge amaranthe, rouge de sang, jaune orange, jaune mordoré, vert-bleu, et souvent aussi pour donner les teintes d'attente. Elle est fournie par la graine du rocouyer, arbrisseau originaire de l'Amérique méridionale, où il croît dans les plaines de terre haute, à l'état sauvage.

La culture du rocouyer a embrassé tout le territoire de la Guyane, depuis les rives de l'Oyapock jusqu'à celles du Kourou ; elle a été plusieurs fois abandonnée et reprise, selon les avantages que son prix très-variable offrait aux producteurs. On commence aujourd'hui à y renoncer sur plusieurs points, notamment dans les quartiers situés sous le vent de Caïenne. Dans l'origine, elle a été, comme au surplus la plupart des cultures de la Guyane, le partage exclusif des terres hautes de montagne et de celles de plaine. Ces dernières l'ont conservée, et elle y donne d'assez bons produits ; mais c'est dans les terres basses dessalées depuis longtemps, et devenues pinotières ou savanes, que le rocouyer prospère. Tel est le sol de la partie du quartier de Kaw, où sont situées aujourd'hui les plus belles plantations de rocouyers. Cette culture y a remplacé depuis cinq ans

celle de la canne à sucre, au plus grand profit des cultivateurs, qui marchaient à grands pas vers une ruine totale :
non que les terres de Kaw, qui passent pour les meilleures
de la colonie, ne convinssent parfaitement à la canne, puisque le rendement était de 4 à 5,000 kilogrammes de sucre à
l'hectare; mais l'exploitation d'une sucrerie exige, pour prospérer, des bras et des capitaux, dont les habitants de Kaw
ne pouvaient plus disposer, tandis que la dépense que né-
cessite la production du rocou, sous le rapport de la culture
et des manipulations, était encore à leur portée; aussi l'exploitation de ce produit est-elle encore, sur divers points de
la colonie, dans les mains de plusieurs petits propriétaires
qui ne disposent que de 3 ou 4 travailleurs. Ce n'est pas à
dire pour cela que ces petits propriétaires soient dans des
conditions convenables pour produire à bon marché : il en
est des petites rocouries comme de toutes les exploitations
sur une échelle restreinte; elles ont un grand désavantage
sur les grandes, soumises qu'elles sont à peu près aux mêmes
frais généraux. Il n'est donc pas douteux pour moi qu'avant
peu de temps les cultures en grand du rocou n'obligent
ces petits propriétaires à cesser de produire, après toutefois
qu'ils auront épuisé dans la lutte leurs dernières ressources.
Tel sera le dénoûment inévitable de la crise actuelle, occasionnée par le bas prix du rocou, lequel est coté à 70 cent.
le kilogramme. Il baissera encore, selon toute apparence,
par suite de la surabondance de ce produit.

L'expérience de tous les temps a démontré que la consommation annuelle de l'Europe ne dépasse pas 350,000 à
400,000 kilogrammes de rocou. Cela posé, quand la production n'a pas excédé ce chiffre, le prix du rocou s'est
maintenu entre 4 francs et 4 fr. 50 cent. le kilogramme à
Caïenne, et, à ce taux, plusieurs propriétaires ont pu relever
très-rapidement leurs fortunes, compromises précédemment
dans la culture de la canne à sucre. En effet, le prix de
4 francs à 4 fr. 50 cent. se décompose ainsi :

1° Frais d'exploitation (faisance-valoir) en moyenne. $0^f 50^c$

2° Bénéfice du colon, y compris l'intérêt du capital engagé. . . . . $4^f 00^c$

A quoi il faut ajouter, pour avoir le prix de vente en France. . . . . $1^f 15^c$

Total. . . . . $5^f 65^c$

Ainsi 400,000 kilogrammes de rocou ont produit un bénéfice net de 1,600,000 francs à répartir entre les producteurs.

Mais lorsque la quantité de rocou offerte au commerce s'est élevée à 5 ou 600,000 kilogrammes, le prix en est descendu immédiatement à 45 ou 50 centimes le kilogramme à Caïenne. A ce taux, non-seulement le revenu a été nul, mais le prix de vente n'a pas suffi à couvrir les frais d'exploitation.

Telles sont les deux situations qu'ont présentées les vingt-et-une années comprises entre 1814 et 1835 : dans ce laps de temps, le prix du rocou est tombé en France à 1 fr. 60 cent. le kilogramme, pendant deux périodes de sept ans chacune, séparées l'une de l'autre par une période de sept années où le kilogramme a valu 5 fr. 60 cent.

On comprend combien sont désastreuses ces variations pour le cultivateur qui saurait d'autant moins changer ses cultures qu'il ne s'agit pas ici d'une plante annuelle. Le rocouyer est un arbrisseau qui demande près de deux ans avant de produire, et dont la culture entraîne l'installation d'usines, dont on ne peut plus, en cas d'abandon, tirer aucun parti. Ajoutons que pour le propriétaire assez bien dans ses affaires pour traverser une période de baisse sans se ruiner, le rocou offre, tout calculé, d'assez beaux avantages ; car la moyenne du prix de vente du rocou, établi sur les quarante dernières années qui viennent de s'écouler, ressort à 1 fr. 50 cent. le kilogramme à Caïenne. Or, ainsi que nous le verrons plus loin, la dépense de l'exploitation laisse encore, à ce prix, un fort beau bénéfice.

Au surplus, si la baisse actuelle avait pour effet de déterminer définitivement l'abandon de 80 petites rocouries, ce serait un bien pour la colonie en général ; car 3,700 esclaves sont exclusivement occupés, sauf quelques cultures vivrières, à la production du rocou, tandis que 8 à 900 cultivateurs concentrés sur quelques habitations du quartier de Kaw suffiraient pour produire annuellement toute la quantité de rocou que peut consommer l'Europe.

Le roucouyer se sème en pépinière et se replante au bout de quatre à cinq mois ; il commence à produire vers deux ans, et dure communément dix-huit ans. Comme dans les terres hautes ces arbrisseaux acquièrent moins de développement, on les place à 4 mètres de distance les uns des autres ; mais, dans les terres basses de Kaw, ils sont espacés à 8 mètres, de sorte qu'il entre dans l'hectare de terre haute 625 pieds de rocou, et 144 seulement dans l'hectare de terre basse ; mais, dans ces dernières, le pied de rocouyer donne 10 à 12 kilogrammes de rocou, et conséquemment l'hectare 15 à 1,700 kilogrammes, tandis que, dans les terres hautes, le pied donne à peine 2 ou 3 kilogrammes, c'est-à-dire 400 kilogrammes à l'hectare.

Il ne serait pas sans inconvénients de planter les rocouyers à une plus grande ou à une moindre distance : plus près, ils se gêneraient les uns les autres ; plus loin, ils exigeraient de plus fréquents sarclages. Cet arbrisseau demande à être soigneusement débarrassé du gui, qui tend à l'étouffer. Dans les terres basses, il exige, tous les deux mois, un nettoyage qui consiste à sarcler en été et à sabrer en hiver. La tâche du nègre est de 800 mètres pour le sabrage et de 480 pour le sarclage.

On fait deux récoltes de rocou par année ; celle de l'hiver est la plus abondante. Le rocouyer fleurit en décembre et l'on en cueille la graine en avril.

Lorsqu'une plantation de rocouyers compte 18 à 20 ans, quelque bien entretenue qu'elle ait été par le remplacement successif des plants qui sont venus à mourir dans ce laps de temps, elle ne donne plus assez de produits; on l'abandonne donc, c'est-à-dire qu'on la remet dans les mains de la nature, en ouvrant les digues d'entourage. L'eau l'envahit, les palmiers pinots et autres arbres sauvages s'en emparent immédiatement; toute trace de culture disparaît bientôt; tout s'efface, jusqu'aux fossés d'écoulement qui séparaient les allées de rocouyers. Les racines de ces grands végétaux sauvages, en pénétrant fort avant dans le sol, le soulèvent, en détruisent le tassement, et lui rendent cette qualité de perméabilité qu'il avait perdue pendant la culture. Le limon qu'apporte l'eau et les débris des végétaux, en renouvelant la terre végétale, viennent aussi contribuer à rendre au sol son ancienne fécondité. Pendant que le champ abandonné subit cette transformation, qu'on appelle repos, on s'occupe de la culture d'une autre terre de même contenance qu'on avait préparée à l'avance, c'est-à-dire entourée, desséchée, puis plantée, après l'avoir nettoyée soigneusement de tous les végétaux qui la couvraient. Cette dernière opération consiste ordinairement à abattre les arbres et à les brûler sur place; mais quelques propriétaires entendus préfèrent, avec raison, faire les frais d'un désouchement à la pioche et du transport des bois hors de l'abatis, parce que ce ne sont pas seulement les végétaux dont on est embarrassé qui brûlent; l'incendie gagne le terrain, et le sol en est appauvri d'autant. Des résultats positifs sont venus confirmer dans une habitation de Kaw les avantages de cette méthode, qui avait, d'ailleurs, pour elle une expérience en grand que je crois devoir rapporter ici. En 1825, un incendie se déclara dans les forêts de l'Oyapock; le feu se propagea au loin, à travers les pinotières et les savanes, jusqu'aux plaines de Kaw; l'épaisse couche de terreau formée de détritus végétaux accumulés depuis des siècles prit elle-même feu et contribua à entretenir et à étendre l'incendie : eh bien, le sol incendié se distingue toujours de celui que le feu a épargné, par ses herbes moins fournies et moins hautes, comme aussi par des arbres plus rares et moins vigoureux.

La préparation de la matière colorante connue dans le commerce sous le nom de rocou exige les opérations ci-après :

1° L'égrenage, qui consiste à séparer la graine de son enveloppe épineuse. Il est fait à couvert, par des négresses infirmes, des vieillards et des enfants, à la tâche, qui est de 45 litres de graines pour les adultes et de moitié pour les enfants.

2° L'écrasement de la graine, qu'on passe à cet effet au moulin, espèce de laminoir formé de trois cylindres horizontaux en fonte, mus, soit par un manége à bœufs ou à mulets, soit par un cours d'eau. Dans les petites rocouries, on opère l'écrasement de la graine dans de vastes mortiers de bois dur de Wuapou.

3° La macération dans l'eau. On place pendant plusieurs jours avec de l'eau le rocou, écrasé à l'état de pâte, dans de vastes auges ou canots formés de troncs de coupy creusés. On passe le tout à travers des tamis appelés *manarets;* la graine, ainsi séparée de sa matière colorante, mais non encore épuisée, est soumise de nouveau à l'action du moulin, puis traitée comme précédemment et cela 4 et 5 fois, jusqu'à ce que l'on juge qu'elle ne retient plus de matière colorante; celle-ci se dépose au bout de quelques jours au fond des canots; on décante l'eau qui surnage, et qui sert pour faire tremper d'autres graines.

4° La cuite. On réunit les divers callés (dépôts), que l'on place dans des chaudières pour faire évaporer l'eau. Si l'on n'apportait pas beaucoup d'attention à cette opération, on courrait le risque de brûler le rocou ; sa couleur aurait alors beaucoup perdu de son éclat.

5° La dessiccation. Après que la chaudière est refroidie, on place le rocou dans des caisses, à l'ombre et dans un lieu aéré, pour qu'il sèche. Le rocou séché au soleil est d'un rouge plus terne.

L'opinion des fabricants de rocou est que la matière colorante se trouve répandue dans toutes les parties de la graine. Ils se fondent sur ce qu'ils ne parviennent qu'avec beaucoup de peine à l'extraire par la pression et des lavages répétés : c'est sur cette notion que repose toute la méthode de fabrication en usage de temps immémorial dans la colonie, et que j'ai décrite plus haut.

Un examen attentif m'a fait reconnaître que la matière colorante, constituant une espèce de corps *sui generis*, ne se trouvait qu'à sa surface, et j'ai pu, au moyen d'une brosse et de l'eau, l'enlever complétement sans altérer en rien la forme de la graine. Ce seul fait, dont j'ai rendu témoins plusieurs fabricants de rocou, de Caïenne, suffit pour condamner le procédé actuel de fabrication, lequel a pour effet de produire tout le contraire de ce qu'indique la position de la matière colorante sur la graine, c'est-à-dire de mêler intimement, par l'écrasement, la matière charnue amylacée de la graine avec la matière colorante qui en est naturellement distincte, et qui peut en être séparée par un lavage combiné avec le frottement. La machine propre à exécuter cette opération serait, ce me semble, fort simple : elle pourrait consister en une roue à tambour garnie intérieurement de brosses contre lesquelles viendrait se frotter la graine de rocou, qu'on y agiterait dans l'eau. La force motrice des moulins actuels, appliquée à ce tambour, suffirait pour le mettre en mouvement, et l'on isolerait complétement la matière colorante, qui serait ainsi pure et sans mélange de la pulpe de la graine qu'on y incorpore aujourd'hui.

Les fabricants de rocou à qui j'ai communiqué ma manière de voir n'ont pu en méconnaître la justesse, mais ils pensent que, comme la matière colorante ainsi isolée réduirait des quatre cinquièmes leurs produits et qu'ils ne la vendraient pas, dans le commerce, cinq fois plus qu'aujourd'hui, ils seraient en perte par ce nouveau procédé, qui ne leur permettrait plus de vendre comme matière colorante 4/5 de *bal de graine*. Pour moi, je pense que les fabricants qui se mettraient à expédier en Europe du rocou pur ne tarderaient pas à obtenir la préférence exclusive pour ce produit, qui, dans cet état, offrirait sans doute à la teinture des ressources et une richesse de nuances dont il ne jouit pas aujourd'hui. Ces avantages se réaliseraient surtout si l'on parvenait à découvrir un moyen de précipiter promptement la matière colorante de sa suspension dans l'eau. Quoi qu'il en soit, la matière colorante réduite au cinquième pourrait recevoir une préparation plus soignée, en ce qui concerne surtout sa cuite, qui, si elle était faite au bain-marie, ne communiquerait plus au rocou cette couleur brune due à la conversion en charbon de quelques particules colorantes. L'élimination des matières étrangères aurait aussi sans doute pour effet d'assurer davantage la conservation du rocou qui s'altère à la longue, ce qui nuit certainement à la fixité du prix.

L'examen chimique auquel je me suis livré, à Caïenne, de la matière colorante du rocou m'a donné lieu de faire quelques observations qui pourraient être mises à profit pour obtenir de plus beaux produits. Je me proposais de répéter mes expériences à Paris, mais je n'ai pu encore réussir à me procurer un laboratoire. Je me bornerai donc à donner ici un aperçu de quelques-uns des résultats obtenus à Caïenne sur des graines fraîches.

Le rocou contient deux matières colorantes distinctes, l'une rouge carmin, l'autre jaune orangé vif; il est facile de les isoler, soit par l'essence de térébenthine, soit par l'alcool, qui s'emparent de la couleur jaune et abandonnent sur filtre la couleur rouge carmin. L'huile d'olive s'empare aussi de la couleur jaune, mais refuse de se mêler à la couleur rouge..Les alcalis et les carbonates alcalins dissolvent les couleurs jaune et rouge, mais elles ne se détachent pas pour cela plus facilement de la graine qu'avec de l'eau pure. Par l'addition des acides citrique et chlorhydrique, la couleur est immédiatement précipitée, mais elle conserve une teinte jaunâtre pauvre.

La matière colorante, détachée de la graine par le frottement d'une brosse dans l'eau, se précipite lentement et fort imparfaitement; mais, après une heure d'ébullition et le refroidissement, le précipité est abondant; on peut alors procéder au décantement. Lorsqu'on traite la graine par l'eau aiguisée d'acide chlorhydrique, la matière colorante jaune ne se développe pas ou du moins est masquée, et la matière rouge acquiert l'éclat de la cochenille, éclat permanent après la dessiccation.

Les faibles moyens d'analyse dont je disposais à Caïenne ne m'ont pas permis de pousser plus loin mes recherches ; puissent-elles mettre sur la voie des améliorations que réclame le mode actuel de fabrication du rocou[1].

DU COTON.

Moyenne annuelle du produit des cinq années.	1832 à 1836...... 219,607 kilogrammes.
	1837 à 1841...... 166,392
Diminution moyenne annuelle........	53,215

[1] Ici l'auteur s'est livré, au sujet des frais de production du rocou dans les différentes conditions, variables suivant les quartiers, à des calculs qui tendent à établir, pour le prix de revient de ce produit à la Guyane, un minimum de 0ᶠ 65ᵉ par kilog. (y compris l'intérêt du capital engagé) et un maximum de 1 franc. D'après ce calcul, les prix de vente les plus habituels dans la colonie n'assureraient qu'imparfaitement aux propriétés affectées à ce genre de culture l'intérêt raisonnable de leurs capitaux. Ce calcul étant appuyé sur des comptes d'habitation fournis à M. Itier par les propriétaires eux-mêmes, un sentiment de discrétion, que l'on comprendra sans peine, nous détourne de livrer à la publicité cette partie du travail, quelque intérêt qu'elle eût pu offrir pour l'étude de la question agricole. Nous devons dire d'ailleurs que, pour le rocou comme pour les autres produits, les évaluations de M. Itier sont contestées par M. Favard, délégué de la Guyane, principalement quant à la manière d'apprécier le capital des propriétés. (*Note de la direction des colonies.*)

Situation de la culture du cotonnier en 1841, comparée à celle de 1836.

ANNÉES.	NOMBRE			OBSERVATIONS.
	d'hectares en culture.	d'habitations rurales.	d'esclaves cultivateurs.	
1836........	2,746	128	2,960	Cette diminution est en raison directe de l'extension don-
1841........	2,343	65	2,692	née à la culture du rocou.
Diminution...	403	63	268	

Le cotonnier est cultivé dans huit quartiers de la colonie, savoir : ceux de Macouria, Kourou, l'île de Caïenne, Sinnamary, Oyapock, Tour de l'Ile, Mont-Sinery et Iracoubo ; mais la culture de cet arbuste n'a quelque importance que dans les quatre premiers, et encore y a-t-elle beaucoup diminué depuis plusieurs années.

Le coton est de l'espèce à longue soie ; mais le moulin à hérisson dont on a introduit l'usage dans la colonie nuit un peu à cette qualité, en brisant, dit-on, le filament, ce que ne fait pas le moulin à baguettes.

Le cotonnier pousse dans tous les terrains ; mais en terres hautes le coton est de qualité plus belle que celui qu'on récolte en terres basses : néanmoins, la préférence est définitivement acquise à ces dernières, en raison de leur rendement fort supérieur à celui des terres hautes. Le cotonnier se plaît surtout dans les terrains récemment desséchés et qui conservent encore un certain degré de salure ; telles sont les terres basses du quartier de Macouria, où sont les principales cotonneries de la colonie. Cette culture convient, d'ailleurs, aux plus petites exploitations, parce qu'elle n'exige ni de grandes avances de capitaux à employer en usines, ni une réunion considérable de bras ; aussi est-elle l'occupation de plusieurs nègres libres qui travaillent eux-mêmes leurs champs dans les quartiers de Macouria, de Kourou et de Sinnamary.

Lorsqu'on crée ou qu'on renouvelle en entier un plantage, on sème le cotonnier; mais on recouvre les plantages déjà existants au moyen de plants : l'époque la plus favorable pour cette opération est en novembre; toutefois, comme c'est aussi celle de la récolte du coton, on renvoie les recourrages au mois de mai. En général, c'est, comme pour toutes les transplantations, le temps de pluie qui convient le mieux. Les graines, au nombre de six à huit, sont placées dans des trous à 2 mètres ou $2^m,66$ les uns des autres, sur des plates-bandes ou planches de 6 mètres de largeur sur 80 mètres de longueur, légèrement bombées pour faciliter l'écoulement des eaux. Lorsque les dessèchements n'ont pas été bien faits, les crabes y survivent et causent des ravages dans les plantages, en s'attaquant aux semences.

Quand le cotonnier est jeune, il faut en chausser le pied; les cultivateurs entendus répètent cette opération lors des sarclages ou des sabrages, qui s'exécutent à diverses époques et selon les bras dont on dispose.

Le cotonnier donne communément une demi-récolte au bout de la seconde année; il porte rarement quelques fruits au bout de la première; la troisième et la quatrième année sont de plein rapport; la cinquième année est la meilleure, puis les produits vont en baissant. Cependant, moyennant un recourrage soigné, on fait durer une plantation pendant dix ans. Il y a annuellement deux récoltes, celle de mars et celle de septembre; l'expérience semble avoir démontré la nécessité de sacrifier celle de mars pour mieux assurer celle de septembre. On taille donc généralement les cotonniers en janvier, février et mars, pour les débarrasser des branches gourmandes, et l'on étête en même temps l'arbuste.

La plus grande partie des travaux s'exécute à la tâche.

La tâche de la journée pour le sarclage est d'une planche de cotonnier, c'est-à-dire d'une surface de 480 mètres.

La tâche du sabrage est de 640 mètres.

La tâche d'un nègre pour la taille des arbustes est de 1,920 mètres carrés; la tâche de la négresse, pour le même travail, est de 1,440 mètres.

Quelques cultivateurs, pour avoir voulu profiter des deux récoltes, les ont manquées l'une et l'autre; celle de mars n'a pu être rentrée par suite de la continuité des pluies, et celle de septembre a toujours été peu abondante quand les cotonniers n'ont pas été taillés au printemps.

Le rendement de l'hectare de cotonniers varie entre 100 et 125 kilogrammes de coton en terre haute, et 150 à 175 kilogrammes en terre basse; on a des exemples d'un rendement de 250 kilogrammes, mais le plantage exige alors les mêmes soins qu'un jardin, et il faut réduire de moitié l'étendue des cultures. Or, comme le sol a, par lui-même, peu de valeur, il vaut mieux retirer pour la même somme de travail 350 kilogrammes de coton de 2 hectares de terre, que 250 d'un seul hectare.

Le cotonnier est exposé au ravage des chenilles et des pucerons; on a vu trop souvent des plantages considérables être dévorés en quelques jours par ces insectes, à tel point qu'il ne restait plus sur pied une feuille ou un bourgeon.

La manipulation du coton est fort simple; après l'exposition au soleil du fruit durant quelques jours pour le sécher, et la séparation à la main de son enveloppe extérieure, on le place dans la machine à éplucher, dite moulin à hérisson, qui sépare très-exactement la graine du filament. Ces moulins ont des dimensions proportionnées à l'importance de la culture, et qui se calculent d'après le nombre de hérissons; les plus grands que j'ai vus ont 64 hérissons. Ils sont mus, dans les grandes habitations, par des manéges à mules; ailleurs, il y a des moulins à bras.

Quelques petits cultivateurs, qui n'ont pas même de moulins à bras, vont éplucher leur coton chez les voisins.

Un moulin de 64 hérissons à manége peut éplucher 350 à 400 kilogrammes de coton par jour, et exige l'emploi de trois nègres ou négresses, et d'un négrillon.

Un moulin à bras occupe quatre nègres et une négresse; il produit 125 kilogrammes de coton par jour.

Il y a deux manières de mettre le coton en balle pour l'expédier en Europe; la plus ancienne, mais non la meilleure, consiste à suspendre par un cadre le sac à ce destiné; un nègre s'y place et foule le coton au fur et à mesure qu'il l'introduit, avec une forte barre de fer dont il se sert comme d'un pilon; la tâche journalière de ce nègre est d'une balle pesant 350 kilogrammes : c'est là le résultat le plus parfait qu'on puisse obtenir par ce mode; car dans certaines petites exploitations la balle de coton de même dimension ne pèse que 125 kilogrammes, et constitue aussi la tâche du nègre.

L'usage de la machine à presser le coton commence à s'introduire dans la colonie : une presse du prix de 500 fr. fournit 5 balles de coton par jour et occupe 4 nègres; il y a donc économie de main-d'œuvre dans la proportion d'un cinquième, et l'on obtient de plus une économie notable sur le fret; je ne saurais toutefois en indiquer le chiffre, mes notes me faisant défaut sur ce point.

Il ne serait peut-être pas sans importance d'examiner s'il ne conviendrait pas d'expédier le coton avec sa graine, dont il pourrait être tiré parti en France pour l'huile qu'elle contient. Avant d'entrer dans cette discussion, je dirai quelques mots des principes généraux qui me serviront de base pour l'appréciation de la distribution du travail entre la France et ses colonies. Il ne s'agit nullement, pour moi, de donner la préférence à la main-d'œuvre de la métropole; cette préférence appartient, à mon avis, à celui des deux pays où elle est à meilleur marché, quel qu'en soit le motif, et je pense qu'en dehors de ce principe économique on ne crée que des industries factices, onéreuses, quand il s'agit surtout de deux pays dont la prospérité intéresse presque au même degré, car ces industries ne peuvent profiter à l'un sans nuire d'autant à l'autre. Ce que j'ai à proposer sur le coton n'est donc pas dicté par un calcul mesquin de préférence pour la métropole. Cela posé, dans l'état actuel des choses à la Guyane française, ce qui manque, ce qui est cher, ce sont, 1° les bras, 2° les capitaux; or, le coton expédié avec sa graine doit économiser les bras et les capitaux; car, d'une part, plus d'usines pour éplucher le coton, plus de bras pour les faire fonctionner, et ces bras et ces capitaux, reportés sur la culture, en accroîtraient les produits. Mais quelle est la dépense à mettre en regard de ces avantages?

L'usage des presses à coton laissera les frais d'emballage dans les mêmes conditions, qu'il s'agisse de coton égrené ou en grains.

Le prix du fret, il est vrai, augmentera à peu près de tout le poids de la graine, c'est-à-dire qu'il triplera, puisque dans une capsule le poids des pepins est double de celui du coton. Je laisserai à d'autres à y voir un avantage; pour moi, dans mes principes, je considérerais cette augmentation comme un inconvénient, si elle ne devait être compensée, en grande partie du moins, par le rendement de l'huile: la question est donc dans la détermination de ce rendement et du prix de vente de l'huile de graine de coton [1].

Reste à considérer la valeur de la main-d'œuvre et des

[1] Des expériences doivent être faites à ce sujet. Constatons dès à présent que, si on prenait pour base les épreuves auxquelles a été soumise la graine de coton d'Égypte, on trouverait que le produit brut des graines de coton de la Guyane n'irait pas au delà de 48,000 fr. En effet, le coton d'Égypte donne en huile 20 p. 0/0 du poids des graines: la production de l'huile de coton à Caïenne serait, d'après cette proportion, de 80,000 kilog., qui, à 60 francs les 100 kilog., se vendraient 48,000 francs; sur cette somme, il y aurait à déduire les frais de manipulation.

(Note de la direction des colonies.)

ipitaux en France, dont l'emploi devrait remplacer le travail de l'égrenage à la Guyane. Or, en fait de procédés mé-
caniques, la France a des avantages immenses sur ses colonies : un moulin à coton, toutes choses égales d'ailleurs,
sera construit à bien meilleur marché à Bordeaux ou à
Nantes qu'à Caïenne ; l'intérêt de son capital sera moitié
moindre ; il fonctionnera à moitié frais. Si l'on considère ,
en outre, qu'une seule usine pourra éplucher le coton produit sur un grand nombre d'habitations, ne sera-t-il pas at-
taché à cette division du travail tous les avantages qui en
résultent d'ordinaire dans les diverses industries , savoir :
l'économie et le perfectionnement [1].

DU SUCRE.

		kilog. de sucre.	litres de mélasse.	litres de tafia
Moyenne annuelle du produit des 5 années.	1832 à 1836.	2,120,119	599,703	272,269
	1837 à 1841.	1,725,837	510,350	228,012
	Diminution...	395,282	89,453	44,257

Situation de la culture de la canne à sucre en 1841, comparée à celle de 1836.

ANNÉES.	NOMBRE			OBSERVATIONS.
	d'hectares en culture.	d'habitations rurales.	d'esclaves cultivateurs.	
1836........	1,571	51	4,932	Dans cet intervalle de temps , les sucre-
1841.......	1,315	26	3,312	ries établies sur la rive droite du canal de Torcy, et dans les
Diminution..	256	25	1,620	quartiers de Kaw et de Macouria, ont dis-paru.
Augmentation.	//	//	//	

[1] Par les motifs que nous avons déjà donnés, page 45, en ce qui concerne la production du rocou, nous nous abstenons de reproduire ici les comptes dé-

4.

La culture de la canne à sucre est une des premières qui furent introduites dans la colonie; un document positif, que j'ai sous les yeux, établit qu'en 1724 il existait déjà 27 sucreries, et qu'en 1752 on avait récolté 80,000 livres de sucre.

On cultive aujourd'hui la canne jaune et la canne violette de Batavia, ainsi que la canne de Taïti; les deux premières sont plus hâtives.

C'est vers 1829 que la culture de la canne a commencé à prendre un développement notable; à cette époque, l'on put croire un instant qu'elle allait appeler à elle l'emploi de toutes les forces, de tous les capitaux de la colonie; plusieurs rocouries furent, en effet, transformées en sucreries. Mais, depuis 1837, une réaction, conséquence inévitable de l'avilissement du prix des sucres, s'est manifestée, et, dans plusieurs quartiers, notamment à Kaw et à Macouria, on a dû substituer à la culture de la canne celle bien moins dispendieuse, et dès lors beaucoup mieux appropriée aux faibles ressources pécuniaires des colons, du rocou et du coton.

Aujourd'hui, la canne à sucre est cultivée dans les quartiers d'Approuague, de l'île de Caïenne, du Tour-de-l'Ile, de Roura, de Mont-Sinery, d'Oyapock, de Sinnamary et de Mana: mais il n'y a guère que les quatre premières dont les produits puissent entrer en ligne de compte. Quant à la production des deux dernières, elle est, commercialement parlant, tout à fait insignifiante; ce sont plutôt des fabriques de sirop pour la consommation locale. Toutefois, elles n'en constatent pas moins ce fait que la terre y est propre à ce

---

taillés sur lesquels M. Itier s'étaie pour évaluer le prix de revient du coton. Bornons-nous à dire que, d'après ses calculs, le prix nécessaire du coton (y compris l'intérêt à 5 p. 0/0 du capital engagé) varierait depuis 1 franc jusqu'à 1 fr. 80 cent. le kilog., en présence d'un prix de vente habituel de 1 fr. 70 c. à 1 fr. 80 cent.; ce qui expliquerait comment la production du coton est considérée, à la Guyane, comme celle dont les revenus sont, sinon les plus brillants, au moins les plus assurés et les mieux établis. (*Note de la direction des colonies.*)

genre de culture, pour laquelle il ne manque que des bras et des capitaux.

On a à peu près abandonné la culture de la canne à sucre en terre haute où elle avait fait ses débuts, et il n'existe plus aujourd'hui qu'une seule sucrerie dans cette nature de sol, dont la fécondité est, on le sait, fort inférieure à celle des terres basses, et qui exigerait dès lors, pour continuer à produire, un mode de culture analogue à celui des Antilles, c'est-à-dire l'usage de la charrue et des engrais, entraînant des frais dont les terres basses se trouvent affranchies, grâce à leur fécondité presque inépuisable. Cette sucrerie en terre haute, est située dans le quartier de l'île de Caïenne, au lieu dit Beauregard. Fondée par les pères jésuites, elle occupe, dans un bassin formé par des collines servant de contre-fort à la montagne du Mahury, une position des plus heureuses et des mieux choisies pour recevoir les détritus propres à entretenir jusqu'à un certain point la fertilité du sol ; l'atelier de 175 nègres, dont la moitié se compose d'enfants et de vieillards, fournit 85 travailleurs, qui cultivent, en outre des vivres et de quelque peu de café, 40 hectares de canne dans un sol pierreux et légèrement pentueux. Les terres qui occupent le fond de ce bassin rendent 2,000 à 2,500 kilogrammes de sucre à l'hectare ; les autres, placées dans de moins bonnes conditions, ne donnent guère que 1,500 à 1,800 kilogrammes. Les plantages ont une durée de quatre années et donnent trois récoltes, savoir : la première, de cannes vierges ; la seconde, de beaux rejetons ; la troisième, de rejetons médiocres : on abandonne alors pendant trois à cinq ans ces champs, qui, se couvrant d'herbes et d'arbres, reprennent promptement leur aspect sauvage primitif. On fait ailleurs un abatis et un plantage nouveau. L'on pourrait assurément continuer la culture de ces terres et entretenir les plantages au delà de quatre années, par le procédé du recourrage, qui consiste à remplacer au fur et à mesure les plants de canne qui viennent à man-

quer; mais, comme la terre est pour rien, on en change.
A-t-on raison, en cela, de préférer une terre neuve qui possède une fécondité naturelle à celle qu'il faudrait stimuler par des travaux de charrue et surtout par des fumiers? Dans l'état des choses, cette question doit être résolue affirmativement, car on n'a pas d'engrais et l'on ne sera pas en mesure d'en avoir tant que les bestiaux passeront leur vie dans les savanes et ne rentreront jamais à l'étable; régime fâcheux et qui explique la situation misérable de l'élève du bétail à la Guyane.

Le moulin à canne de cette habitation est mû par un cours d'eau; il presse très-imparfaitement. Les deux équipages pour la fabrication du sucre et du sirop se composent de quatre chaudières en fonte; les fourneaux sont très-défectueux, aussi la bagasse ne suffit-elle pas au chauffage.

On estime qu'on pourrait faire aisément 60,000 kilog. de sucre par année sur cette habitation : il faudrait, pour cela, diriger toutes les forces de l'atelier sur la culture de la canne; mais une partie des ouvriers en est distraite pour la fabrication et la vente du sirop de sucre, industrie spéciale à cette habitation et qui lui est très-profitable, en raison de sa proximité de la ville de Caïenne, où le litre de sirop se vend 60 centimes : c'est même à cette circonstance que cette exploitation doit de s'être soutenue. Toutefois, avec un pareil atelier en terres basses, on doublerait son revenu.

Relativement à la culture de la canne, les terres basses ne jouissent pas d'une égale fertilité. Le quartier d'Approuague et notamment les bords de la rivière de Courouaïe possèdent les meilleures; puis viennent celles des quartiers de l'île de Caïenne et du Tour-de-l'Ile, et enfin celles des quartiers de Roura et de Mont-Sinery.

Le niveau des terres basses, étant inférieur à celui des hautes marées, oblige à des travaux considérables de dessé-chement, consistant en entourages et digues en terre, pour se garantir de l'invasion de la mer et des eaux douces des savanes, et en vastes fossés servant, les uns, à l'écoulement des eaux pluviales au moyen des coffres à écluses, les autres de canaux de navigation pour le transport des récoltes, au moyen de grandes barques dites *accons*.

Le desséchement terminé, on procède à l'abatage des bois de la superficie du sol qu'on se propose de mettre en culture. On réserve les pièces de bois qui peuvent être utilisées, et l'on brûle sur place les branches et les souches qu'on a arrachées. J'ai remarqué qu'on ne se donne pas toujours la peine de désoucher complétement ; le temps se charge d'achever à la longue le défrichement. On divise la surface du champ en planches ou carreaux, le plus ordinairement de 8 mètres de largeur sur 100 de longueur, lesquels sont traversés par des rigoles pour faciliter le prompt écoulement des eaux pluviales, dont le séjour pourrirait promptement la canne ; puis enfin on trace à la pelle des sillons de 0^m,40 à 0^m,45 de largeur, dans lesquels on couche horizontalement les boutures, c'est-à-dire des tronçons de cannes ayant à peu près 3 à 4 nœuds, d'où doivent s'échapper les pousses. Quand le temps est à la pluie, et c'est celui que l'on préfère pour cette opération, on recouvre légèrement les plants de terre ; on en ajoute ensuite quand la pousse commence à se montrer, et l'on finit par combler le sillon quand la canne a pris son essor. Le champ demande à être sarclé jusqu'à ce que la canne commence à faire de l'ombre autour d'elle. Deux sarclages suffisent ordinairement. Lorsque la canne a quelques mois, on lui donne une dernière façon qui consiste, en outre du sarclage, à en chausser le pied. Plus tard enfin, et quand l'époque de la maturité approche, l'on procède à l'épaillage, opération qui consiste à dépouiller la tige de toutes ses feuilles basses, pour ne lui laisser que le bouquet qui la termine : la canne se renforce, mûrit mieux et ne risque pas autant de se pourrir, si l'on est obligé d'en retarder la coupe.

L'époque de l'année la plus favorable au plantage de la canne est dans les mois de mai et de juin. On plante quelquefois plus tôt, pour avoir le temps de remplacer avant la saison sèche les plants qui viennent à manquer et de parer à toutes les éventualités.

La plupart de ces travaux se font à la tâche. Le plantage à neuf d'un carreau de 8 mètres de largeur sur 100 mètres de longueur constitue, sur l'habitation *la Jamaïque* (quartier d'Approuague), la tâche de cinq ouvriers, savoir : deux sont employés à la pelle, pour ouvrir le sillon ; deux sont occupés à placer et à couvrir les plants ; le cinquième les charroie. La tâche, pour le sarclage du champ de canne ou le chaussage des plants, est, sur l'habitation *Ramponeau* (rive gauche du Courrouaïe), de 350 à 400 mètres carrés ; sur l'habitation *la Jamaïque*, de 400 mètres ; sur l'habitation *la Ressource*, rive droite de l'Approuague, elle est également de 400 mètres ; elle était précédemment de 500 mètres sur cette dernière habitation, mais on a dû la réduire. Quand on épaille seulement, la tâche est généralement de 500 mètres ; mais cette opération, lorsqu'elle se prolonge pendant plusieurs jours, occasionne des écorchures douloureuses aux mains des ouvriers : il serait donc à désirer que l'on adoptât l'emploi des gants de cuir sans doigts dont M. Bouvier, planteur à la Basse-Terre (Guadeloupe), a introduit l'usage dans son exploitation.

Un bon ouvrier peut faire sa tâche en 7 à 8 heures, et conséquemment être libre à 3 ou 4 heures.

La récolte de la canne se fait le plus communément depuis le mois d'août jusqu'en février ; cette époque n'est cependant pas bien fixe, car dans l'habitation *Ramponeau* on *tourne* toute l'année, tandis que dans l'habitation *la Jamaïque* on ne tourne que deux fois par an.

Le degré de fertilité du sol et la nature de la pousse (vierge ou rejeton) influent d'une manière notable sur l'époque de la maturité de la canne : s'agit-il de terres neuves,

il faut un an aux cannes vierges et 13 à 14 mois aux rejetons; de terres vieilles, il faut environ 15 mois à la canne
vierge et 18 mois aux rejetons.

Un plantage de cannes dure de 4 à 5 ans et donne 3 à 4
récoltes ; la première de cannes vierges, et les trois autres
de rejetons : après quoi l'on replante à neuf.

Il s'est introduit depuis quelques années, dans le quartier d'Approuague, un mode de culture emprunté à la colonie anglaise de Démérary, et qui permet de porter à 12 ou
15 ans la durée d'un plantage : c'est le recourrage, opération dont j'ai parlé plus haut ; mais, pour qu'elle réussisse,
il faut une terre neuve, riche en humus ; dans les terres
vieilles, l'expérience en condamne l'usage. Dans les terres
de l'habitation *la Jamaïque*, où la couche de terreau offre
une épaisseur de 50 à 70 centimètres sur un fond de vases
argileuses, j'ai vu des plantages entretenus depuis neuf ans.
A cet effet, au fur et à mesure qu'on coupe la canne pour
la porter au moulin, on en sépare les têtes qu'on plante en
terre dans les places qui se trouvent vides par suite de la
mort des pieds qui les occupaient. Les partisans de cette
méthode prétendent, à ce sujet, que renouveler à neuf un
plantage dans une terre en bon état, c'est détruire une
grande quantité de pieds de canne susceptibles de donner
des produits, pour les remplacer à grands frais par des plants
qui peuvent manquer. Mais on leur objecte avec quelque
apparence de raison que les plantages recourrus présentent
des cannes de tout âge, et dont la maturité, dès lors, n'est
pas simultanée; de sorte que l'on est conduit à *tourner* un
mélange de cannes mûres, de cannes passées et de cannes
encore vertes, ce qui nuit à la qualité du sucre. Il est de
fait, d'une part, que l'œil découvre dans ces plantages des
cannes vierges pêle-mêle avec des rejetons : les premières
se distinguent par la longueur du jet et des nœuds beaucoup plus espacés dans la canne vierge que dans le rejeton ;
d'une autre part, que la qualité des sucres laisse peut-être

un peu à désirer à l'habitation *la Jamaïque,* par suite de l'inégalité de maturité des cannes qu'on y tourne.

Quoi qu'il en soit, lorsque la terre a été épuisée, soit par le recourrage, soit par plusieurs plantages à neuf successifs, on l'abandonne ; on la rend à la nature, qui se charge de renouveler sa fécondité par une action que j'ai expliquée à l'article du rocou. J'ai vu, dans l'habitation *la Ressource,* une plantation de canne de huit mois ayant une fort belle apparence, dans une terre remise en culture après avoir été abandonnée pendant neuf ans, pour cause de stérilité. Au surplus, bien que la couche de terreau ne soit pas fort épaisse dans cette partie, le sol n'en est pas moins considéré comme excellent ; on peut en juger par la nature des végétaux qui y croissent naturellement, et au nombre desquels on compte le bambou cambrouze, indice certain d'un sol fécond.

On a essayé sur plusieurs habitations, sur le canal de Torcy, de faire usage de la charrue, soit dans le but de renouveler la surface du sol, soit pour tracer le sillon qui doit recevoir les plants de canne ; mais on a dû y renoncer, d'abord parce que la charrue détruit en partie les saignées des carreaux, saignées qu'il faut ensuite rétablir à la pelle ; puis parce qu'on a beaucoup de peine à la faire manœuvrer dans les terres grasses et toujours fort mouillées à l'époque des plantages ; enfin, parce qu'il est résulté de plusieurs expériences que les terres basses labourées ne donnent pas de meilleurs produits que celles où l'on s'est borné à tracer à la pelle le sillon qui doit recevoir les plants de canne.

Les rats et les rouleux[1] causent de grands ravages dans les champs de cannes en s'attaquant aux racines ; quand ils sont trop abondants, il ne reste qu'un moyen au cultivateur pour s'en débarrasser, c'est de submerger le champ pendant

---

[1] Espèce de ver blanc analogue au ver du hanneton, et larve, comme lui, d'un coléoptère du genre mélolonthe. (*Note de l'auteur.*)

quelques heures. Quant aux rats, pour s'en défendre, on accorde aux nègres, à titre de prime, une feuille de tabac par rat qu'ils rapportent ; mais les terrains incultes avoisinants en fournissent sans cesse de nouveaux.

Le rendement des terres basses varie avec les localités. Voici les renseignements que j'ai recueillis à cet égard sur les lieux mêmes :

Sur une habitation située sur la rive gauche du Mahury, le rendement moyen de l'hectare est :

1° En cannes vierges, de... 3,250 kilog. de sucre.
2° En premiers rejetons, de.. 2,250
3° En deuxièmes rejetons, de 1,250

Il est à observer que les terres sont desséchées et en culture depuis fort longtemps ; elles ne sont pas regardées comme de première qualité. L'année 1827 y a fourni un exemple d'un rendement extraordinaire : un champ de cannes vierges a produit 9,000 kilogrammes de sucre par hectare ; mais il a fallu un concours de circonstances unique et qu'on n'est pas maître de reproduire à volonté.

Les terres des meilleures habitations situées au canal de Torcy offrent un rendement moyen de 3,500 à 4,000 kilogrammes de sucre par hectare, sans distinction de nature de cannes.

Une autre habitation, sise sur la rive droite de la crique Fouillée et au bord du Mahury, offre un rendement d'environ 2,000 kilogrammes de sucre par hectare.

L'habitation *le Collége*, située sur la rive gauche de l'Approuague, est la première qui ait été établie en terre basse par l'ingénieur Guisan, que M. Malouet avait ramené de Surinam. L'entourage, exécuté en 1780 par Guisan, était de 80 hectares dont les terres sont aujourd'hui usées, c'est-à-dire à peu près privées de terreau et imperméables à l'eau ; aussi, 9 hectares de canne n'ont donné dernièrement que 10,000 kilogrammes de sucre, c'est 1,200 kilogrammes par hectare : on s'est donc déterminé à abandonner 6 de ces hectares, qui ont été mis sous l'eau ; quant aux 3 autres, qu'on a jugés susceptibles de produire encore, on les a recourrus. On vient de faire un nouvel entourage de 36 hectares en terre vierge, qui donnerait 2,500 à 3,000 kilogrammes par hectare. Mais le sol de la rive gauche de l'Approuague n'est pas aussi estimé que celui de la rive droite. Une autre habitation, sise près de Guisaubourg, rive droite de l'Approuague, offre un rendement de 3,500 à 3,750 kilogrammes à l'hectare de canne.

Sur l'habitation . . . ., dont la culture est fort bien conduite, le rendement moyen de l'hectare de canne est de 3,750 kilog. : on y a obtenu récemment, de 4 hectares de cannes vierges, 29,500 kilog. de sucre ; c'est 7,380 kilog. par hectare, mais c'est là le terme extrême des exceptions favorables ; au surplus, cette habitation est celle où la méthode du recourrage est le mieux suivie.

Le rendement de l'hectare de canne sur l'habitation . . . . est de 4,250 kilog. de sucre pour les cannes vierges ; 3,250 pour les premiers rejetons, et 2,500 pour les seconds rejetons ; après quoi le propriétaire pense qu'il convient le plus ordinairement de renouveler le plantage en entier. En supposant un roulement annuel de récolte, dans lequel chaque espèce de canne entre pour un tiers, on voit que sur cette habitation le rendement moyen de l'hectare de canne doit être d'environ 3,350 kilog. de sucre.

L'habitation . . . . ., située sur la rivière de Courrouaïe, offre un rendement moyen de 3,350 kilog. de sucre par hectare de cannes ; toutes les vieilles terres ont été mises sous l'eau ; celles qu'on cultive aujourd'hui sont neuves.

Enfin, l'habitation . . . . . rend en moyenne 3,500 à 4,000 kilog. à l'hectare ; cette exploitation est au-dessus de celles où la culture m'a paru la mieux dirigée. Bien que les terres soient cultivées depuis long-temps, elles paraissent avoir peu perdu de leur fécondité naturelle. J'y ai mesuré 0^m,50 à 0^m,60 d'épaisseur de couche de terreau reposant sur un sol compacte d'argile kaolin, qui ne doit pas fournir par lui-même d'éléments de végétation. Aussi, là où la couche de terreau diminue, et cela se présente par places au milieu des parties les plus fertiles, la terre manque de fécondité et la canne n'y acquiert qu'un développement incomplet. Cet effet ne pourrait-il pas être le résultat de l'incendie dont j'ai déjà parlé, et qui, en 1825, s'est étendu des savanes de l'Oyapock jusqu'à la plaine de Kaw, brûlant par place le terreau avec les végétaux qui le couvraient?

Quoi qu'il en soit, dans l'entourage, qui comprend 100 hectares, il y a des parties douées d'une prodigieuse fécondité : ainsi 2 hectares de terre, en culture depuis 10 ans, ont donné 14,200 kilog. de sucre, soit 7,100 kilog. à l'hectare de cannes vierges; et voici quel a été le rendement d'une pièce de terre mesurant 4 hectares 25 ares, en culture depuis 15 ans : en 1840, récolte de cannes vierges, 25,500 kilog., soit 6,000 kilog. à l'hectare; en 1841, récolte des premiers rejetons, 18,000 kilog., soit 4,236 kilog. à l'hectare; en 1842, récolte des deuxièmes rejetons, 19,500 kilog., soit 4,588 kilog. à l'hectare; en 1843, on compte sur une quatrième récolte, au moyen d'un léger recourrage qu'on a exécuté l'an dernier. Puis on renouvellera à neuf le plantage, parce que, comme je l'ai dit plus haut, il s'agit d'une vieille terre.

Des données qui précèdent je crois pouvoir conclure que le rendement de l'hectare de cannes est, à la Guyane française, dans les terres basses de première qualité, de 3,500 à 4,000 kilog., dont la moyenne est de 3,750 kilog., et, dans les terres basses de deuxième qualité, de 2,500 à 3,000 kilog., dont la moyenne est de 2,750 kilog.; d'où il résulte qu'en supposant ces deux qualités de terre en même proportion dans la culture, on a pour le terme moyen du rendement de l'hectare dans la colonie 3,250 kilog. Or, il résulte des travaux de recherche de M. Lavollée, que le produit d'un hectare de cannes est, à la Martinique, de

3,400 kilog. , et, à la Guadeloupe , de 3,500 kilog [1]. C'est donc, à peu de chose près , le même rendement qu'à la Guyane française; nous comparerons plus loin les frais de production de ces colonies.

Apprécions maintenant le rendement du travail du nègre employé à la culture de la canne. Voici quels sont les éléments de ce calcul, pris sur les dix habitations dont il vient d'être question.

FORCE NUMÉRIQUE de chaque atelier.	NOMBRE de TÂCHES de travail fournies par chaque atelier (1).	NOMBRE D'HECTARES de cannes entretenus.	OBSERVATIONS.
227	80	70	
190	65	65	(1) Cette colonne indique, non pas le nombre des travailleurs de chaque atelier, mais la somme de travail estimée par tâche. Ainsi, au *Cadeau* par exemple, il y a 44 ouvriers qui exécutent la tâche complète, et 30 qui à eux tous ne font qu'un travail équivalent à 14 tâches. Le reste de l'atelier se compose de 20 vieillards ou infirmes, 32 enfants et 14 ouvriers de professions diverses ou commandeurs.
130	33	36	
156	55	50	
92	36	36	
130	50	50	
105	48	48	
138	50	50	
140	58	48	
164	60	68	
1,472	535	521	

On voit qu'un nègre de tâche qu'on suppose au travail toute l'année , c'est-à-dire pendant 250 jours (365 — 115 jours pour les dimanches , jours fériés , samedis concédés et maladies), entretient par année un hectare de cannes et produit 2,800 kilog. de sucre, représentant les quatre cinquièmes du rendement d'un hectare , puisqu'il faut en moyenne à la canne à sucre 15 mois de culture pour arriver à maturité.

[1] M. Lavollée annonce, page 7 de ses notes, que la moyenne du rendement d'un carré mesurant 129 ares est de 4,000 à 4,800 kilog., c'est-à-dire de 4,400 kilog., ce qui donne pour l'hectare 3,470 kilog. Quant à la Guadeloupe il dit, page 13, que le rendement est de 3,500 kilog. par hectare. (*Note de l'auteur.*)

C'est aussi à cela qu'on évalue le produit du travail d'un bon ouvrier nègre à Surinam.

L'installation des usines est généralement sur un meilleur pied à la Guyane qu'aux Antilles. La presque totalité des moulins à bagasse y sont mus par des machines à vapeur, à haute ou à basse pression et de la force de 6 à 10 chevaux. J'ai vu deux machines à vapeur sur l'habitation Montdélice; l'une d'elles est de rechange en cas de dérangement de l'autre. Il y a tendance à abandonner les machines à haute pression, dont l'usage, dans les mains des nègres, paraît avoir plus d'inconvénients que les autres. On a dû renoncer presque partout à se servir de l'eau comme moteur, parce qu'elle est sujette à manquer en été, c'est-à-dire à l'époque de la récolte ; tel a été le principal motif de la transformation en rocourie de la sucrerie de l'habitation *les Plaisirs* (quartier de Kaw).

Si les constructions des bâtiments et l'installation des usines sont faites avec un certain luxe, il est plusieurs procédés de fabrication du sucre qui sont encore fort arriérés et qui réclament des modifications capitales. Nous les indiquerons sommairement en passant en revue les diverses opérations pratiquées dans les sucreries de la colonie.

Après avoir été coupée et mise en bottes, la canne est transportée au moulin au moyen de grandes barques appelées *accons*, qui circulent sur les canaux de navigation. Il n'y a rien de mieux à faire que ce qui existe, et, sous ce rapport, les sucreries de la Guyane sont dans des conditions infiniment plus avantageuses que celles des Antilles, où le transport de la canne exige des bras et l'emploi de cabrouets et de bêtes de somme.

La canne est immédiatement passée au laminoir, formé de 3 cylindres en fonte horizontaux. On obtient généralement de 100 kilog. de canne 53 kil. de vesou et 47 de bagasse. J'ai vu des moulins qui donnent 58 de vesou et 42 de bagasse ; si les cylindres étaient mieux ajustés, il est hors de doute qu'on obtiendrait aisément jusqu'à 70 p. o/o de vesou[1]. Voici, en effet, une donnée à l'appui de cette opinion : 100 kilog. de canne ayant donné 53 de vesou et 47 de bagasse, cette dernière a ensuite perdu, par une dessiccation de 2 mois dans le grand équipage, 25 kilog. d'eau, dont 17 pourraient être obtenus par une pression mieux exécutée. Le résidu, pesant 22 kilog., se composait : 1° de 4 kilog. $\frac{1}{2}$ de sucre abandonné par ces 25 kilog. d'eau ; 2° de l'eau que pouvait encore retenir la bagasse ; 3° enfin du ligneux. Ce résultat direct vient, jusqu'à un certain point, confirmer ceux que l'analyse chimique a constatés relativement à la composition de la canne à sucre.

Quelques colons objectent, il est vrai, que la bagasse, trop pressée, n'offre pas un combustible suffisant pour le service de l'équipage ; mais est-il d'un bon calcul de faire ainsi servir le sucre de combustible, sans examiner au préalable si les bois du pays n'offriraient pas le moyen de suppléer en partie à la bagasse, si elle devenait insuffisante, après toutefois avoir cherché à donner aux fourneaux les formes les plus convenables pour tirer tout le parti possible du calorique ; or le palétuvier rouge et le palétuvier blanc, qui croissent en abondance sur les bords de la mer et à l'embouchure des rivières, fourniraient, ce semble, un excellent combustible. Voici les données sur lesquelles on peut baser les calculs à faire :

Une corde de palétuvier rouge, non sec, pèse 1,379 kil. et coûte d'achat 5 francs ; une corde de palétuvier blanc pèse 1,042 kilog. et coûte 4 fr. 10 cent. Or 1 kilog. de palétuvier rouge, contenant 20 à 25 p. o/o d'eau, comme tous les bois durs qui n'ont point été séchés artificiellement, a une valeur calorifique de 2,600 calories, correspondant à la puissance d'évaporer $4^k,64$ d'eau. Mais il résulte d'une ex-

---

[1] Depuis mon passage à la Guyane, cette expérience a été faite sur une habitation, où, en serrant les cylindres du moulin, on a obtenu 70 de vesou sur 100 de canne. (*Note de l'auteur.*)

périence directe que 52,830 kilog. de bagasse ont évaporé, en 186 heures, 202,193 litres de vesou à 10°, pesant 208,995 kilog., et se composant de 19,169 kilog. de sucre et de 189,826 litres d'eau : on voit donc qu'il a fallu 1 kil. de bagasse pour évaporer 3^k,6 d'eau correspondant à 2,026 calories. D'où il suit que la puissance calorifique de la bagasse est, à celle du bois de palétuvier rouge, dans le rapport de 3,60 à 4,64, ou, en calories, de 2,026 à 2,600. En supposant maintenant que la bagasse, réduite à 30 p. o/o du poids de la canne, au lieu de 40, ait perdu 25 p. o/o de sa puissance calorifique, il faudra, dans l'expérience qui précède, pour remplacer le déficit de 13,208 kil. de combustible en bagasse, et qui avaient évaporé 47,431 litres d'eau, 10,222 kilog. de palétuvier rouge, valant 37 francs; or le sucre contenu dans 13,208 kilog. de vesou, obtenus en plus, est de 1,198 kilog., dont la valeur, supputée à 30 fr. les 100 kilog., en dehors des frais de fabrication, est de 359 fr. 40 cent.; en en retranchant 37 francs pour l'achat du bois de palétuvier qui aurait remplacé la bagasse, on obtiendrait au moins un bénéfice net de 322 fr. 40 cent.

Les équipages, composés précédemment de 4 chaudières en fonte désignées sous les noms de *grande*, *propre*, *flambeau* et *batterie*, en comptent aujourd'hui 5 et 6, indépendamment d'un bac à vesou[1]. Elles sont disposées sur un même fourneau d'évaporation en maçonnerie ; mais la forme de ces fourneaux ne permet pas, il s'en faut beaucoup, d'utiliser la somme de calorique dégagé du combustible employé. L'usage des registres destinés à diriger convenablement la chaleur n'est pas pratiqué, et, sa répartition répondant mal aux besoins de la fabrication, il arrive que l'évaporation est trop lente dans la *grande* et dans la *propre*, faute de chaleur, tandis que le sirop de la *batterie* atteint 114 et 115°,

---

[1] L'invention du bac à vesou n'est pas heureuse : dans son séjour dans ce bac, le vesou commence à entrer en fermentation, ce qui contribue à augmenter les proportions de mélasse (*Note de l'auteur.*)

température sous l'influence de laquelle quelques parties de sucre se décomposent, ce qu'accuse l'apparition d'une vapeur épaisse et d'une espèce de flamme bleuâtre sur les bords de cette chaudière. Outre la perte résultant du sucre ainsi consumé, il en est une autre plus considérable provenant de l'augmentation des proportions de mélasse. On a cherché dans plusieurs usines à remédier à cet inconvénient; ainsi j'ai vu, sur l'habitation du quartier général, des chaudières en cuivre dites jumelles qui se substituent rapidement l'une à l'autre au moment où l'on est arrivé au point voulu pour la cuite. Il existe aussi, sur une habitation du quartier d'Approuague, un appareil au moyen duquel on vide tout d'un coup la batterie; il consiste en une chaudière dont le fond est garni d'une soupape ou clapet, et qui entre exactement dans la batterie qu'elle vide complétement lorsqu'on l'enlève au moyen d'une petite grue. Partout ailleurs on vide encore la batterie avec de grandes cuillers de bois, et, pendant cette opération, le sucre du fond de la chaudière se caramélise nécessairement en partie. Aussi serait-il à désirer que les améliorations dont j'ai parlé s'étendissent : je recommanderai surtout l'emploi d'une chaudière à bascule, que j'ai vue dans l'usine de M. de Perinelle, à la Martinique, et qui soustrait instantanément le sirop à l'action du feu. Toutefois l'appareil Desrosnes, fondé sur l'évaporation dans le vide par une basse température et au moyen de la vapeur, présente des avantages si bien constatés aujourd'hui, que les sucreries qui n'adopteront pas ces appareils, d'ailleurs fort simples et très-économiques au point de vue du combustible et de la main-d'œuvre, ne pourront longtemps se soutenir.

La richesse du vesou est variable; elle paraît d'ailleurs inférieure à celle du vesou des Antilles. Voici les indications données par l'aréomètre dans les principales habitations que j'ai visitées :

Dans le quartier de l'île de Caïenne, le vesou marque,

lorsqu'il provient de cannes vierges, 9° à 9° $\frac{1}{2}$, et de rejetons 10° à 11°; sa richesse varie en outre avec l'élévation du sol en culture et l'époque de la récolte : en temps de pluie, le vesou est plus abondant et moins sucré, et cela se comprend quand on réfléchit à la puissance hygrométrique de la canne.

Dans le quartier d'Approuague, le degré du vesou varie entre 7 et 9 de l'aréomètre. Celui qui provient des cannes vierges, récoltées en terre vierge et dans la saison des pluies, ne marque quelquefois que 6 à 7 degrés. Quoi qu'il en soit, dans la majeure partie des sucreries, un équipage fournit 3,000 kilog. de sucre en 12 ou 14 heures de cuite, et la bagasse suffit comme combustible.

Le mode adopté pour sceller les chaudières formant l'équipage dans la maçonnerie du fourneau présente de graves inconvénients : on ne leur ménage pas assez de jeu, de sorte que quand, par l'effet d'une forte chaleur, la fonte vient à se dilater beaucoup, la chaudière ne pouvant s'étendre, se rompt ou se déforme; il serait fort aisé d'obvier à ces accidents par une construction mieux appropriée.

L'opération si délicate et si importante de l'enivrage ou de la défécation se fait assez grossièrement et par approximation. Dans quelques sucreries on la commence à froid dans le bac à vesou, elle s'achève dans la *grande;* l'on ajoute quelquefois un peu de chaux dans la *propre;* mais on ne fait jamais d'essais préalables, et, sous ce rapport, le traitement du vesou est moins avancé à la Guyane qu'aux Antilles. Les écumes sont enlevées par des ouvriers, au fur et à mesure qu'elles se produisent, pour être employées à la fabrication du tafia, qu'elles bonifient. Il résulte d'une expérience que 202,193 litres de vesou ont donné 21,130 litres d'écume; d'où il suit que les écumes sont au vesou dans la proportion de 10 $\frac{4}{10}$ à 100.

Au sortir de la *batterie*, le sucre est placé dans des rafraîchissoirs; c'est une caisse plate en bois ou en fonte.

5.

Transporté de là dans la purgerie, il est mis immédiatement dans les boucauts. Ces boucauts sont percés de trous pour l'écoulement de la mélasse, écoulement qu'on facilite au moyen de cannes placées verticalement dans le sucre.

C'est aux vices de fabrication que j'ai signalés plus haut, et auxquels s'ajoutent le mauvais entretien, la malpropreté des appareils qu'on emploie, qu'il faut attribuer l'infériorité de qualité des sucres de la Guyane, qui ne se classent que dans la *bonne ordinaire*, c'est-à-dire à 4 fr. par 100 kil. au-dessous du prix de la *bonne quatrième*. Il est hors de doute pour moi que plus de soin dans la fabrication en relèverait la qualité au niveau de cette dernière, et qu'à l'aide du noir animal les produits pourraient atteindre la perfection.

On estime dans le quartier de l'île de Caïenne que, dans le traitement du jus de la canne vierge on obtient, pour 100 kilogrammes de sucre, 50 kilogrammes de mélasse. S'il s'agit de jus de premiers rejetons, la proportion de mélasse n'est que de 33 kilogrammes ; elle n'est enfin que de 20 kilogrammes quand les rejetons sont vieux.

Dans le quartier d'Approuague, 500 kilogrammes de sucre provenant de jus de cannes vierges correspondent à 180 litres de mélasse, au poids moyen de 1^k,40 le litre, ce qui donne 250 kilogrammes de mélasse. Si le jus traité provient de rejetons, on n'a plus que 160 litres pesant 210 kilogrammes.

Le gallon de mélasse, qui équivaut à 3^l,72, pèse de 4^k,50 à 6^k,50, selon sa richesse; mais le prix de la mélasse est si bas qu'à la vente on ne tient pas compte de son degré et qu'elle se vend toujours le même prix, c'est-à-dire de 15 à 20 centimes le litre. La mélasse est exportée aux États-Unis d'Amérique, ou bien elle sert à la fabrication du tafia, que l'on soigne assez à Caïenne, et qui a acquis quelque réputation dans le commerce. Les appareils sont assez perfectionnés; leur distillation est continue. La liqueur qu'on y traite est un mélange de mélasse et d'eau dans lequel la fermenation s'est produite spontanément, et qui marque 10 degrés à l'aréomètre. On remplace une partie de l'eau par la vidange provenant du résidu des distillations précédentes, afin de profiter des quantités d'alcool qu'elle peut encore retenir; enfin on mêle à la liqueur, dite *boisson*, les écumes provenant de la cuite du sucre : ces dernières contribuent beaucoup à la bonne qualité du tafia; aussi a-t-on intérêt à distiller en même temps qu'on fabrique le sucre, et parce qu'on profite de ces écumes et aussi parce que la mélasse trop longtemps gardée s'altère par la fermentation, et perd ainsi quelquefois jusqu'à 40 pour 100 de sa richesse en tafia.

Généralement, 100 litres de mélasse donnent 100 litres de tafia à 21 degrés, lorsque la mélasse est fraîche et que les grappes sont bien composées.

Pour faire du tafia de bonne qualité, il faudrait fractionner les produits de la distillation, séparer le tafia à 24 degrés et continuer la distillation, pour avoir du tafia à 17 degrés qu'on distillerait de nouveau. Le tafia à 21 degrés vaut 35 à 40 centimes le litre, tandis qu'à 24 il se vend 45 à 55 centimes.

Les diverses études qui précèdent peuvent servir à la détermination du prix de revient du sucre à la Guyane.

Le calcul d'une commission locale chargée, en août 1839, de ce travail, a fait ressortir à 30 fr. 63 cent. les 50 kilogrammes de sucre. Ce résultat est erroné, et il n'en pouvait guère être autrement, si l'on considère qu'au lieu de l'établir sur les comptes de plusieurs habitations sucrières, on l'a déduit de données théoriques plus ou moins approximatives. D'un autre côté, la situation vraiment critique de l'industrie sucrière avait conduit plusieurs membres de la commission, sans doute à leur insu, à en exagérer le danger. L'estimation des frais de production devait s'en ressentir. Heureusement que l'exagération était flagrante; j'ai dit heureusement, car, si ces calculs avaient été vrais, il ne serait plus resté au Gouvernement qu'à conseiller aux colons l'abandon d'une culture à laquelle la nature aurait semblé se refuser à la Guyane, puisque son prix de revient y eût dépassé d'un tiers celui des pays les moins favorisés[1].

DU GIROFLE.

Année moyenne calculée sur les produits des 5 années	1832 à 1836........	114,403^k clous de girofle,	10,321^k griffes.
	1837 à 1841........	140,976	22,680
Augmentation annuelle moyenne en 5 ans.........		26,513	3,359

Situation de la culture du girofle en 1841, comparée à celle de 1836.

ANNÉES.	NOMBRE		
	D'HECTARES en culture.	D'HABITATIONS rurales.	D'ESCLAVES cultivateurs.
1836.........	829	40	1,508
1841.........	1,158	39	1,508
Augmentation ..	329	//	//
Diminution	//	1	//

Le giroflier est originaire de l'Inde, d'où il fut rapporté en 1779; on le cultive aujourd'hui dans 39 habitations, mais avec plus ou moins de développement. Le seul quartier de Roura en compte 23, et, dans ce nombre, il y en a

---

[1] Ici, M. Itier passe à la discussion du prix de revient du sucre; et, comme il l'a fait pour le rocou et le coton, il s'appuie sur des comptes détaillés d'habitations que nous ne nous croyons pas en droit de livrer à la publicité. Constatons, d'ailleurs de nouveau, que M. Favard, délégué de la colonie, n'est pas d'accord avec M. Itier sur quelques-uns des éléments d'appréciation, et notamment sur la manière d'établir le capital des propriétés. Sous bénéfice de cette réserve, nous pouvons consigner ici le résultat des calculs de l'auteur. Ils

plusieurs dans lesquelles le girofle entre pour principal produit. Les autres plantations de girofliers se répartissent ainsi, savoir : 5 dans le quartier de Tonnegrande, 4 dans celui du Tour-de-l'Ile, et enfin 2 dans chacun des quartiers de Caïenne et de Kaw.

Les terres hautes de montagnes ont été longtemps en possession exclusive de ce genre de culture, et il en devait être ainsi, puisque telle est la situation de l'habitation la Gabrielle, où les premiers essais de plantation avaient eu lieu ; mais, depuis, l'on a reconnu que le giroflier réussissait parfaitement dans les terres hautes de plaine : il y est plus précoce, puisqu'il devient en plein rapport au bout de 5 ans, tandis qu'il lui en faut 7 à 8 dans les terres hautes de montagne ; encore n'y donne-t-il qu'une bonne récolte sur trois, au lieu qu'en terre haute de plaine la récolte est régulière. Il y a donc tendance aujourd'hui à faire descendre cette culture dans la plaine.

Le giroflier se plante en allées, à 6 à 7 mètres de distance : on lui donne deux sarclages dans une année. C'est à ce travail que se bornent tous les soins que réclame la culture de cet arbre. La récolte du clou (fleur) commence en août et finit en octobre ; on le cueille à la main, au moyen d'échelles doubles qui permettent d'atteindre l'extrémité des branches sans les rompre ; il est ensuite séché au soleil sur des tiroirs, puis passé au van pour le nettoyer et mis en barils. Aussitôt après la récolte, on débarrasse l'arbre de la

---

tendent à établir que le prix nécessaire aux colons de la Guyane qui produisent du sucre (y compris l'intérêt à 5 pour 100 des capitaux engagés) est de :

20ᶜ par kilogramme pour quelques habitations placées dans des conditions exceptionnelles ;

25 à 35 pour les habitations placées dans des conditions moyennes ;

45 pour les plus mauvaises.

D'où il résulterait que peu d'habitations se trouveraient au-dessous de leurs revenus avec les prix de vente actuels, qui, dans la colonie, se tiennent entre 35 et 40 centimes le kilogramme, type bonne quatrième.

(Note de la direction des colonies.)

mousse, du gui et des branches mortes ou gourmandes qui le fatiguent.

Le pied de giroflier est estimé, selon son âge et sa vigueur, entre 5 et 20 francs; il fournit, année moyenne, 1^k,75 de clous; le prix courant du kilogramme était, en 1842, de 2 fr. 10 cent.

Voici, maintenant, les quelques faits de détails que j'ai eu occasion de recueillir en visitant les principales habitations où se cultive le giroflier. Dans une habitation située au bord de la rivière de l'Oyac, les girofliers sont plantés à 6 mètres les uns des autres; ils ne sont pas très-beaux. Une autre habitation, située plus avant dans les terres, vers les montagnes de la Gabrielle, offre une plantation magnifique de girofliers en quinconce, à 10 mètres les uns des autres; ils sont devenus si beaux, qu'à cette distance ils se portent encore préjudice, et la récolte serait plus belle, plus assurée si le propriétaire se décidait à éclaircir ses plantations en sacrifiant un pied d'arbre sur deux.

Une troisième giroflerie, placée dans la même situation, a une plantation de 5,500 girofliers en rapport. On y récolte moyennement 9,000 kilog. de clous par année. En 1842, la récolte a manqué entièrement, c'est-à-dire qu'on a obtenu 150 kilog. de clous. L'atelier se compose de 50 nègres, pouvant fournir 25 tâches de travail; on y cultive aussi le rocou, mais avec peu d'avantage.

Le domaine colonial de *la Gabrielle* comptait, il y a peu d'années, 16,000 pieds de girofliers dans un état très-florissant; mais le nombre en est à peine aujourd'hui de 10,000, suivant le dernier inventaire, bien que le fermier actuel en ait fait planter 1,800 environ. On attribue la mortalité de ces arbres à leur vieillesse et à une maladie appelée coup-de-soleil, dont l'effet est de sécher subitement le giroflier sur pied. Les fourmis *magnioc* leur font aussi une guerre de destruction; une seule nuit suffit à ces insectes pour dépouiller un gros giroflier de toutes ses feuilles, et la mort s'ensuit immanquablement.

La récolte de 1841 s'était élevée à 25,000 kilog. de clous; celle de 1842 a à peine atteint 1,500 kilog.

On donne généralement, à la Gabrielle, un sarclage et deux sabrages par année : les nègres travaillent à la tâche; celle du sarclage est de 480 mètres carrés, celle du sabrage de 800 mètres. Un travailleur ordinaire peut exécuter sa tâche en 8 à 9 heures; il faut qu'il soit très-bon ouvrier pour la terminer en 7 heures. L'atelier compte 270 nègres, dont 250 font partie du domaine; ils peuvent fournir 100 à 120 travailleurs; il en est qui sont occupés de la culture et de la fabrication du rocou, et des soins que réclame un troupeau de 70 bêtes à cornes vivant dans les savanes voisines.

Une quatrième habitation compte 8,000 pieds de girofliers; on en a abandonné une partie faute de bras. La récolte, en 1841, avait été de 9,000 kilog.; en 1842, elle a été de 3,500 kilog. seulement. Il est à remarquer que la différence entre ces deux années n'a pas été aussi grande qu'à *la Gabrielle;* cela tient à ce qu'une partie des girofliers est dans les terres hautes de plaine avoisinant la rivière de l'Oyac. L'atelier compte 105 personnes et fournit 60 travailleurs. On y cultive aussi le rocou, mais comme produit très-accessoire.

Une cinquième habitation, qu'on trouve plus haut, en remontant le cours de l'Oyac, possède 3,500 girofliers; la récolte de 1841 s'était élevée à 6,000 kilog. de clous; celle de 1842 n'a été que de 2,500 kilog. On y cultive aussi le rocouyer. L'atelier est de 50 individus fournissant 30 travailleurs.

Les girofleries des habitations situées dans le quartier de Kaw ne semblent pas être dans un état aussi prospère que celles de l'Oyac. Les girofleries de l'île de Caïenne ont bien réussi et donnent de bons produits. Je n'ai pas visité celles des autres quartiers de la colonie.

DU CACAO.

Produit annuel moyen des 5 années	1832 à 1836	40,327^k
	1837 à 1841	44,087
Augmentation moyenne en 5 ans		4,360
Il a été expédié en 1842	pour la France	3,248
	pour l'Amérique du Nord	14,305
	Total	17,553

Le cacaoyer croît naturellement à la Guyane; il en existe des forêts dans les hauteurs de l'Oyapock et du Camopi. On le cultive en terre haute; il réclame peu de soins, mais il exige le choix d'un sol profond, où sa racine pivotante puisse s'enfoncer verticalement. Il réussit bien sur les collines et terres avoisinantes, ainsi que dans les lieux qui ne sont ni trop secs ni trop humides. Après avoir nettoyé le terrain qu'on se propose de mettre en culture, on l'ensemence en plaçant la graine dans des trous espacés d'environ 3 mètres, ou bien, pour la défendre des insectes, on la fait germer dans de petits paniers qu'on place en terre. Lorsque le plant a pris de la force, il demande à être protégé, tant qu'il est jeune, contre les rayons du soleil; à cet effet, on plante quelquefois dans le même champ du manioc et des bananiers. Le cacaoyer commence à produire vers trois ans; il n'exige plus alors aucun sarclage, parce que l'ombre qu'il donne empêche l'herbe de pousser; il suffit alors de le tailler et de l'émonder chaque année. Il est en plein rapport entre 6 et 10 ans, et présente alors l'aspect des bois taillés de châtaigniers des environs de Grenoble. Sa durée est illimitée.

Les quartiers de l'île de Caïenne, de Kaw et de l'Oyapock sont les seuls où la culture du cacaoyer ait quelque importance. Le quartier de l'île de Caïenne fournit à lui seul les trois quarts de la récolte totale annuelle. C'est sur le versant de la montagne de Mahurg que sont les plus belles plantations. On cultive 10 hectares de cacaoyer sur une habitation à Kaw; les terres basses, depuis longtemps desséchées, de ce quartier lui conviennent parfaitement, et donnent annuellement 500 kilog. de cacao par hectare.

Une habitation, située au quartier d'Oyapock, cultive, en même temps que le rocouyer le cacaoyer, qui donne annuellement 3,500 kilog.; cette exploitation ne compte que 5 cultivateurs.

La préparation du cacao est des plus simples. Après avoir extrait de la cabosse, en la brisant, les fèves, ordinairement au nombre de 25, qu'elle contient, on les place dans des cuves pour les faire fermenter, et lorsqu'elles ont acquis, au bout de 4 à 6 jours, une couleur rouge obscure, on les retire pour les faire sécher; comme la récolte ne se fait pas dans la saison sèche, on expose la fève à la fumée. Ainsi boucanée, elle a un goût amer qui la fait rejeter par le commerce français; les Américains l'achètent à vil prix, c'est-à-dire à raison de 60 centimes à 1 franc le kilog.; on assure qu'ils possèdent un moyen de faire disparaître le goût amer de la boucane. Ne serait-il pas possible de le découvrir? Quelques colons pensent que la boucane a l'avantage de préserver la fève de l'atteinte des vers; quoi qu'il en soit, il y aurait tout à gagner à y substituer l'action de l'étuve, et il n'est pas douteux qu'on pourrait ainsi obtenir des produits admissibles partout.

La production du cacao serait susceptible de prendre un grand développement à la Guyane et de fournir à la consommation de la France entière. Cette culture convient à la petite propriété; les Européens y seraient parfaitement propres.

DU CAFÉ.

Produit annuel moyen des 5 années	1832 à 1836	44,103ᵏ
	1837 à 1841	41,781
Diminution moyenne en 5 ans		2,322

Il a été expédié en France, en 1842, 10,987 kilog. de café, valant 21,737 francs.

Introduite en 1716, la culture a fait peu de progrès à la Guyane : on y connait trois espèces de caféiers, celui d'Arabie, le caféier moka et le caféier nain.

Le café n'est qu'un produit accessoire dans la plupart des habitations qui le cultivent; cet arbuste est planté le plus ordinairement en allées, sous les arbres et dans les lieux abrités; on en fait aussi des plantations en champs; il entre alors 1,500 pieds de caféiers dans un hectare.

On transplante le plant obtenu de graine lorsqu'il a $0^m,20$ à $0^m,25$ de hauteur; il pousse alors à l'ombre du manioc ou des bananiers : le caféier produit plus en terre haute de plaine qu'en terre haute de montagne, mais la qualité du café venu dans ces dernières est infiniment supérieure. On le cultive aussi en terres basses, mais il faut qu'elles aient été complétement dessalées par la pluie. On étête l'arbuste, afin de s'opposer à ce qu'il prenne trop de développement en hauteur. On fait annuellement deux récoltes de café; la première, qui est la plus productive, a lieu en avril; la seconde, qui donne la meilleure qualité, se fait en septembre; le caféier commence à donner des produits à 3 ans, mais il faut 7 ans pour qu'il soit en bon rapport : la durée de l'arbuste est d'au moins 40 ans; malheureusement il est atteint, depuis quelques années, de la même maladie qui ravage les caféiers des Antilles, et qui est occasionnée par une espèce de puceron dont la piqûre sur les feuilles occasionne la chute du fruit avant maturité.

J'ai vu sur une habitation 50 plants de caféiers moka provenant de graines nouvellement importées dans la colonie pour en renouveler l'espèce. Plantés depuis trois ans, ces caféiers ont parfaitement réussi; 11 pieds ont donné 6 kilog. de café.

Le caféier réussit fort bien dans les plaines de Kaw;

chaque habitation livre un peu de café au commerce : on a soin d'en chauffer le pied au moment de la floraison.

On cultive enfin le café avec succès sur une habitation située en terre haute sur la côte, près de l'embouchure du Mahurg. Mais le café qui est le plus en réputation dans la colonie est celui d'Oyapock. Le propriétaire d'une habitation sise à la montagne d'Argent possède 5,000 pieds en rapport, qui produisent l'un dans l'autre $0^k,40$ par pied, soit 2,000 kilog. Il vient de faire une nouvelle plantation de 5,000 pieds : cette habitation recense 77 esclaves, mais on y cultive aussi le coton et le rocou.

Il serait difficile de s'expliquer, en dehors des causes générales qui ont arrêté le développement de l'agriculture à la Guyane, les motifs du peu d'extension qu'y a prise la culture du caféier ; il réussit bien et ne réclame ni avances considérables, ni rudes travaux. Il serait à désirer que l'industrie agricole s'occupât davantage de ce produit, dont la culture convient à la petite propriété et peut être faite par des Européens.

DE LA CANNELLE.

Produit annuel moyen des 5 années	1832 à 1836	558 kil.
	1837 à 1841	560
Augmentation moyenne en 5 ans		2

Il a été expédié pour France, en 1842, 219 kilogrammes de cannelle.

Importée de Ceylan et récemment introduite à la Guyane, la culture du cannellier (*laurus cinnamomum*) y a réussi dans des terres d'assez médiocre qualité. On ne s'en occupe que dans les quartiers de Roura et du Tour-de-l'Ile. Il en existe deux espèces : la meilleure a la feuille la plus allongée.

Après avoir nettoyé le terrain destiné à cette culture, on fait un semis de la graine au moment où on la cueille. La plante sort de terre au bout de quinze jours; sept à huit mois après, le plant est assez fort pour être replanté. Les pieds de cannelliers sont alors placés à 2 mètres dans un sens et 1 mètre dans l'autre, les uns des autres. Les trois premières années, il est indispensable de faire de fréquents sarclages, puis, le plant ayant acquis du développement, on se borne à sabrer les herbes. Cet arbuste ne craint pas l'eau, il peut y rester six mois : les fourmis magnioc le détruisent.

Le cannellier commence à donner des produits au bout de deux ans; c'est alors qu'on le coupe à $0^m,22$ de terre pour former une souche, de la tête de laquelle s'échapperont plus tard les baliveaux destinés à fournir l'écorce. Cet arbuste présente, en devenant vieux, l'aspect de nos pieds d'osier (*salix viminalis*).

La récolte se fait en toute saison : pour cela on essaye l'écorce, et, lorsqu'elle présente les caractères de maturité voulue, on coupe les baliveaux qui ont atteint le diamètre de 2 à 6 centimètres, on les divise en morceaux de 0^m50, puis on les fend longitudinalement en bandes de 2 centimètres de largeur. L'écorce ainsi détachée se roule sur elle-même en se séchant sur des claies à l'ombre. Un ouvrier n'en prépare guère qu'un demi-kilogramme par jour. La cannelle de Caïenne se vend 2 francs dans la colonie : elle a une saveur moins marquée, moins chaude que celle de Ceylan. Ce produit pourrait être amélioré dans sa culture et sa préparation; toutes choses auxquelles le travailleur européen conviendrait parfaitement.

DE LA MUSCADE.

Produit annuel moyen	1832 à 1836	96 kil.
sur les cinq années.	1837 à 1841	91
Diminution		5

La culture du muscadier, dans la colonie, ne remonte pas au delà de 1795; mais elle n'a pas pris d'extension, non que le climat de la Guyane ne lui convienne, mais parce qu'elle a eu le sort de la plupart des essais tentés dans un pays où les bras et les capitaux font défaut. Au surplus, j'ai trouvé, en parcourant les forêts vierges qui avoisinent les quartiers d'Oyac, de Kaw et d'Approuague, une espèce de muscadier dont le fruit est identique, à la saveur et à la grosseur près, à celui de l'arbre qu'on cultive et dont les qualités du fruit sont peut-être dues à la culture même, ainsi que cela arrive ordinairement.

Les pieds de muscadier que j'ai eu occasion de voir à la Gabrielle, et dans les habitations voisines qui bordent l'Oyac, sont de belle venue; ils demandent un bas-fond humide et riche en terre végétale. Le muscadier étant de la famille des plantes dioïques, on a soin de greffer par approche une branche de l'arbre mâle sur un arbre femelle.

On fait deux récoltes par année, la première en janvier et février, et la seconde en septembre; cette dernière est la moins bonne, parce que la sécheresse empêche le fruit, c'est-à-dire l'enveloppe charnue de la noix, de s'ouvrir.

On expédie la muscade en coque, afin d'en assurer la conservation. Privée de sa coque, elle est rapidement attaquée par les vers; il conviendrait donc de rechercher quelle est la préparation qu'elle reçoit dans l'Inde pour l'en garantir. Peut-être pourrait-on obvier à cet inconvénient par le chaulage. Cette culture s'allie parfaitement à celle du giroflier, et doit, comme elle, convenir à l'ouvrier européen.

DU POIVRE.

Produit annuel moyen sur les cinq années.	1832 à 1836.........	15,652 kil.
	1837 à 1841.........	3,165
Diminution.....................		12,487

Les essais faits pour naturaliser le poivrier n'ont pas réussi ; plusieurs colons, persuadés que le sol et le climat de la Guyane réunissaient toutes les conditions voulues pour cette culture, ont fait en grand des expériences ruineuses, sans être parvenus à se rendre compte des causes d'insuccès ; tel plant de poivrier de la plus belle apparence sèche ou laisse tomber ses fruits avant maturité, auprès d'un autre plant sur lequel on récolte jusqu'à 15 kilogrammes de poivre ; les tentatives à faire encore pour naturaliser le poivrier à la Guyane ne sont plus aujourd'hui du domaine de l'industrie privée ; il faudrait que l'État en fît les frais ; l'importance de cette denrée mérite qu'on s'en occupe.

CULTURES DIVERSES.

Parmi les cultures qui pourraient encore donner des produits à exporter, je citerai la vanille et l'indigo.

La vanille est le fruit d'une liane qui croît naturellement dans les forêts de la Guyane ; on la cultive dans quelques jardins d'habitations. Elle y vient fort bien, et pourrait, en se développant, prendre rang parmi les produits de la colonie.

L'indigofère pousse avec abondance et sans culture dans les terres sablonneuses des quartiers de Macouria, Kourou et Sinnamary. J'en ai vu des champs naturels d'une fort belle venue à Kourou, où quelques habitants préparent de l'indigo pour leur propre usage. Bien que les essais pour introduire cette fabrication à la Guyane n'aient pas été couronnés de succès, je ne doute pas que si la main-d'œuvre était à meilleur marché et les capitaux plus abondants, on ne pût réussir, car il paraît impossible que l'indigofère soit ailleurs dans de meilleures conditions pour sa culture ; quant à sa qualité, la question est jugée de la manière la plus satisfaisante par les magnifiques produits qu'on avait obtenus dans le temps.

Il est une observation qui s'applique à plusieurs produits de la Guyane, et que j'ai différé jusqu'ici de faire, c'est que, dans un climat où l'air est toujours saturé d'eau, l'usage de l'étuve pour sécher la plupart des produits récoltés dans la saison des pluies ne saurait être trop conseillé ; on obtiendrait, par ce moyen, une foule de produits d'une qualité supérieure, et qui sont aujourd'hui plus ou moins altérés par le mode défectueux de dessiccation.

Parmi les arbres qui croissent à l'état sauvage, et dont les fruits peuvent être d'une grande utilité, je citerai l'arouara, espèce de palmiste, qui ne vient guère que dans les terres avoisinant la mer ; son fruit fournit avec une extrême abondance une huile bonne à brûler, et même à manger, quand elle est fraîche. Elle pourrait être l'objet d'un grand commerce : la graine sert aussi à engraisser les bestiaux.

Les fruits ou graines de patavoux, de caumoun, de sésame et de montcaya sont aussi très-oléagineuses ; l'huile en est bonne à manger.

L'arbre many donne une résine qui remplace le brai dans l'usage qu'on en fait pour les canots.

Le mahot, que j'ai trouvé en abondance dans les bois qui couvrent les rives du Carouabo, entre Kourou et Sinnamary, possède une écorce avec laquelle on fait d'excellentes cordes.

J'ai recueilli, dans les bois qui avoisinent Kourou une gomme résine blanche qui répand, en brûlant, une odeur aromatique, et qui se rapproche, par ses qualités, de la gomme élémi. Son abondance pourrait la rendre l'objet d'une exploitation. Il en est de même du caoutchouc, qui existe en abondance dans le haut de l'Oyapock et aux alentours du lac Mapa.

DES VIVRES.

La culture des vivres, l'une des plus importantes de la colonie, parce que, avant tout, il faut que l'alimentation des habitants soit assurée, embrasse une variété infinie de végétaux, au premier rang desquels se placent le bananier, le manioc, l'igname, le riz, le maïs, la patate et la tayove; tous sont d'une culture facile et productive, soit en terre haute, soit en terre basse. On aura une idée de la fécondité du sol, à cet égard, lorsqu'on saura qu'en travaillant un seul jour par quinzaine, à la culture de son jardin et de ses abatis, un nègre pourvoit à tous ses besoins.

L'usage de la charrue et l'emploi des engrais dans la culture des vivres en terre haute en amélioreraient considérablement les conditions et les produits. Les essais en grand que M. Célestin Lalanne a faits à ce sujet, dans son habitation sise au quartier du Mont-Sincry, paraissent ne plus laisser subsister de doute sur les heureux effets de ces moyens, qui rendraient parfaitement accessible aux Européens le travail des terres hautes dont il s'agit. L'abondance des vivres ainsi obtenus préviendrait le retour de ces disettes dans lesquelles on a vu le prix de kilogramme de couac (farine de manioc) s'élever à 1 franc. On y trouverait aussi le moyen de nourrir, à peu de frais, une foule d'animaux de basse-cour, dont le prix est fort élevé à Caïenne; enfin, cette abondance réagirait d'une manière heureuse sur l'importation, beaucoup trop considérable aujourd'hui, des substances alimentaires de première nécessité, pour lesquelles la colonie est à la merci de l'étranger : car la première condition d'existence d'une colonie, c'est, je le répète, qu'elle ait en elle le pouvoir de nourrir ses habitants.

Le bananier vient en terre haute et dans toutes les terres basses cultivées depuis longtemps, et dès lors complétement dessalées; celles qui, dans les quartiers de Macouria et Kourou, conviennent au cotonnier sont impropres à la culture du bananier. Les digues d'entourage et les bords des chemins d'exploitation des champs sont ordinairement garnis d'allées de bananiers qui réclament fort peu de soins et qui donnent des produits abondants. La banane, dont il existe, d'ailleurs, plusieurs variétés, se prête à une foule de préparations alimentaires aussi saines et agréables que nourrissantes; le régime de bananes se vend de 1 fr. 25 à 1 fr. 50 cent. à Caïenne.

Le riz se cultive également bien en terre haute et en terre basse. J'en ai vu des champs de belle apparence en terres hautes dans le quartier d'Oyac, notamment à la Gabrielle, et en terre basse dans le quartier de Kaw, où on le sème d'ordinaire en novembre et décembre, pour le couper à la faucille en avril; c'est l'époque de l'année où les pluies sont le plus abondantes; aussi est-on obligé de le faire sécher à la fumée. Si on le semait en avril, on le récolterait en juillet ou août, et alors le riz sécherait facilement à l'air libre et donnerait de plus beaux produits. Les travaux qu'exige cette culture sont d'ailleurs extrêmement simples; on ne se donne pas seulement la peine de retourner la surface du champ à ensemencer, on se borne à en sabrer les herbes, qu'on brûle sur place, puis on lève à la houe, de distance en distance, des mottes de terre pour y placer le grain, qui ne tarde pas à former comme des touffes d'où partent bientôt une multitude d'épis. La semence est recouverte avec si peu de soins, que les oiseaux la mangent quelquefois.

Le maïs ou blé de Turquie vient aussi parfaitement dans toutes les terres indistinctement. C'est l'objet d'un revenu qui n'est pas sans importance dans quelques habitations du quartier de Kaw. Il pourrait fournir une farine susceptible de tenir lieu de celle de froment, et avec laquelle on ferait du pain, comme dans le Béarn, où nos paysans n'en mangent pas d'autre.

Quant aux racines de manioc, de patates, d'ignames et

de tayoves, il est inutile de dire qu'elles donnent, dans toutes les terres, de beaux et bons produits.

Le pays fournit aussi, entre autres plantes potagères qui lui sont propres, l'ananas, qui y est excellent, et plusieurs espèces de pois et de haricots. L'on y a naturalisé, en fait de légumes d'Europe, le choux, la ciboule, le persil, le céleri, la laitue, les raves et radis, les navets, etc. Ils produisent toute l'année, mais ils sont loin de valoir les légumes d'Europe, et la graine demande à être de temps à autre renouvelée. Le melon, la citrouille et le concombre réussissent bien.

Les seuls arbres à fruit d'Europe que j'aie vu prospérer sont l'oranger, le citronnier, le grenadier et le figuier. Le raisin ne mûrit pas, ou plutôt il mûrit trop vite pour mûrir également; j'ai vu sur la même grappe des grains à peine formés, des grains mûrs et des grains pourris. L'olivier prend de l'accroissement, mais ne produit pas de fruits.

Les arbres fruitiers indigènes et ceux beaucoup plus nombreux des Indes orientales, qu'on y a naturalisés avec le plus grand succès, offrent des ressources infinies aux habitants pour leur nourriture et pour l'engraissage des bestiaux. En première ligne doit figurer le manguier et ses variétés, le sapotillier, l'avocatier, le goyavier, le paripou, l'abricotier, le poirier, le cerisier, l'acajou-pomme, le mombin, le saouari, le coupi, le balatas, le papayer, le jaune-d'œuf, le corossolier, la pomme-cannelle, le cocotier, le calebassier, le jacquier, l'arbre à pain, l'arbre à châtaignes, la barbadine, la liane maritambour, la pomme-liane, les choux palmistes.

DES HATTES ET DES PATURAGES.

Les beaux pâturages qu'offrent les immenses savanes de la Guyane française, principalement dans les quartiers de

Macouria, de Kourou, de Sinnamary, d'Iracoubo et Mana, situés sous le vent de Caïenne et sur les bords de l'Oyapock, avaient dû porter les colons à penser qu'il suffirait d'y placer quelques têtes de bétail pour devenir propriétaires d'innombrables troupeaux. On commence à revenir de cette erreur, et à reconnaître que, comme les autres industries, ce genre d'exploitation réclame des travaux et des soins persévérants; mais on ne s'est pas encore décidé à lui donner ces soins; aussi l'élève des bestiaux est-il dans l'état le plus fâcheux; il est tel que le prix de la viande de boucherie à Caïenne atteint, aujourd'hui, le taux exorbitant de 2 fr. 40 cent. le kilogramme, et que la Guyane, indépendamment de 125,000 kilogrammes de viandes salées qu'elle a reçues de l'étranger en 1842, a tiré du Sénégal ou du Para 6 à 700 têtes de bêtes à cornes et 50 à 60 chevaux des États-Unis d'Amérique ou du Brésil, quand elle pourrait approvisionner de bestiaux tous les pays voisins.

On avait pensé qu'en instituant des primes annuelles en faveur de propriétaires de hattes, qui présenteraient les plus beaux produits, ou qui introduiraient dans la colonie des bêtes à cornes de belle race, on pousserait au développement de l'élève des bestiaux; tel a été le but du décret colonial du 21 septembre 1837. Mais c'était uniquement dans les moyens d'améliorer les pâturages et le régime d'alimentation des ménageries qu'il fallait diriger les recherches des colons; l'on n'aurait pas tardé à reconnaître que, pour être vastes et couvertes d'herbes, les savanes naturelles ne sont que rarement de bons pâturages; qu'ainsi lorsque certaines herbes, telles que la yanne et l'herbe à blé y abondent, elles ne sauraient offrir une nourriture convenable au bétail; qu'il faudrait alors brûler ces plantes et chercher à renouveler la végétation en y transplantant l'herbe de Guinée, espèce de chiendent, et l'herbe du Para, qui fournissent d'excellents fourrages, et qui ont la propriété, en s'étendant peu à peu, de finir par couvrir tout le sol et à toujours.

Il est des savanes qui, pendant l'été, sèchent complétement, et dont l'herbe brûlée par le soleil n'offre plus de
nourriture aux bestiaux. Il en est d'autres dont le sol plus
marécageux conserve de l'eau croupissante, où l'herbe
aigrie cesse d'être bonne à manger. Il conviendrait de pra-
tiquer, dans ces dernières, des saignées, qui, en donnant
de l'écoulement aux eaux, préviendraient la fermentation
de ces herbes. Quant aux premières, la culture de l'herbe
de Guinée et de l'herbe du Para y procurerait, au besoin,
un excellent fourrage susceptible d'être consommé à l'étable
à l'époque de l'année où les pâturages viennent à manquer.
Telle est la pénurie de ce genre de fourrage à la Guyane,
que le foin que consomment les chevaux de la gendarmerie
et de quelques habitants de la ville de Caïenne vient de
Bordeaux; rendu à Caïenne, il revient à 32 francs les
100 kilogrammes.

Quant au régime des ménageries, la première chose à
faire, pour l'améliorer, serait de construire de vastes carbets où les bestiaux trouveraient un abri dans les jours de
pluie continue, et pendant la nuit. Cette mesure, en mé-
nageant les transitions, souvent très-brusques, de l'humidité à la sécheresse, et en assurant du repos au bétail, préviendrait l'invasion de plusieurs maladies dues à l'action
continue de l'humidité, et présenterait d'autres avantages,
tels que d'empêcher le bétail de devenir sauvage, et de le
mieux garantir des tigres. Enfin on fabriquerait des fumiers,
dont l'utilité, dans la culture des terres hautes de montagne
ou de plaine, est démontrée. Quelques soins de propreté
viendraient, avec une meilleure nourriture, compléter les
améliorations et prévenir le retour de ces épizooties, qui,
comme celle de 1842, ont fait périr une quantité considérable de bestiaux. Ainsi la hatte de l'habitation de Montdélice, située au quartier de Macouria, a perdu 53 têtes de
bétail, de mort subite, sur un troupeau d'environ 130. Dans
l'E. du quartier de Sinnamary, la même épizootie a enlevé,

en moins d'un mois, 98 bêtes à cornes. La maladie était caractérisée par l'apparition d'une innombrable quantité de poux (espèce de tique), qui semblaient se former spontanément sur ces animaux. Ce fut aussi cette maladie qui, à cette même époque, fit périr, en peu de jours, un troupeau considérable de bêtes à cornes, nourri dans l'établissement de Mont-Joli, près Caïenne. L'appauvrissement du sang résultant de la mauvaise nourriture pourrait bien être la cause de cette épizootie. On sait que cette même cause occasionne, chez l'homme, une affection analogue, connue sous le nom de *pédiculaire*. Il est, en effet, à remarquer que les épizooties n'étendent leurs ravages que sur les troupeaux nourris, en été, dans les savanes naturelles.

Dans un grand nombre d'habitations, on est obligé de calculer la force du troupeau sur les ressources dont on dispose pour le nourrir en été; car, dans les hautes savanes, l'herbe naturelle se sèche presque complétement pendant cette saison. On voit donc que l'alimentation du bétail offre, en été, les mêmes difficultés à la Guyane qu'en Europe pendant l'hiver, et qu'il faut dès lors y employer les mêmes moyens pour les surmonter, c'est-à-dire avoir des approvisionnements de fourrage pour la mauvaise saison.

La sucrerie de Montdélice n'entretient qu'une quarantaine de têtes de bétail, parce que c'est tout ce qu'elle peut nourrir en été, avec les feuilles et les têtes de cannes de la récolte. Le troupeau de la Gabrielle n'est que de 70 bêtes à cornes, parce que la savane naturelle ne permet pas en été d'en nourrir davantage. En étendant donc, comme je l'ai dit plus haut, la culture de l'herbe de Guinée et de l'herbe du Para, ces deux habitations se procureraient à peu de frais des pâturages permanents et des fourrages secs pour les deux mois que dure la grande sécheresse.

Les moutons prospèrent dans les divers quartiers de la Guyane; mais on n'en a pas fait jusqu'ici un objet de grande spéculation. Chaque habitation a son petit troupeau qui est destiné à alimenter sa consommation. La chair de ces animaux est bonne ; mais ils ne fournissent pas de laine, parce qu'ils provienent de la race sénégalaise à poil ras.

Il résulte de l'opinion de plusieurs colons que j'ai consultés, que les savanes des environs de l'Oyapock sont, par la qualité de l'herbe qu'elles produisent, très-supérieures à celles qui sont situées sous le vent de Caïenne. Quelques Indiens pasteurs de race tapouille, que j'ai eu occasion de rencontrer dans le haut de la rivière de l'Approuague, où ils étaient venus établir leurs carbets, depuis qu'ils ont dû quitter les environs du lac Mapa, où ils s'étaient réfugiés lors des troubles du Para, m'ont assuré que l'immense plateau légèrement ondulé et sillonné de nombreux cours d'eau, qui s'étend de la rivière de Mapa à celle de l'Ouassa et de l'Oyapock, présentait une situation et des pâturages de même nature que dans le Maraïo et sur les rives de l'Amazone, qui nourrissent, comme on sait, d'innombrables troupeaux ; c'est là qu'il faudrait établir de grandes hattes en y transportant les races du Maraïo ; transport aussi court que facile, puisqu'il s'agit, à peine, de leur faire faire quelques jours de traversée.

C'est encore là une industrie dévolue à l'Européen.

DES FORÊTS.

La Guyane est une des contrées de la terre les plus riches en bois de toute espèce et de la meilleure qualité pour la construction et l'ébénisterie. L'exportation en est d'autant plus facile que le pays est sillonné de cours d'eau qui se prêtent, on ne peut mieux, aux chargements des bois à bord des navires. Il y a, toutefois, une difficulté, et elle est à considérer ; c'est que les espèces, loin d'être réunies par essences, comme dans nos forêts d'Europe, sont au contraire disséminées parmi une foule d'autres végétaux, de telle sorte que, pour se procurer un certain nombre de pieds

d'une espèce déterminée, il faut étendre au loin ses re
cherches et ses travaux dans la forêt; à ce premier inconvé
nient il s'en joint un autre bien plus grand, lorsqu'il s'agit
de l'extraction de la pièce de bois; il faut faire presque autant de traces qu'on a de pièces de bois à sortir. Quoi qu'il
en soit, ce ne sont pas là des obstacles devant lesquels
puisse reculer le travail de l'homme, si des débouchés
avantageux étaient offerts aux bois de la Guyane.

En 1825, un chantier, pour l'exploitation des bois destinés à la marine militaire, a été établi sur les bords de
l'Acarouari, l'un des affluents de la Mana; il a été abandonné au bout de quelques années, faute de demandes de la
part de nos arsenaux.

Depuis, Mme Javouhey, supérieure des dames de Saint-
Joseph de Cluny, avait établi à Mana des ateliers de scierie
où se fabriquaient des poutrelles et des planches qu'on ex-
pédiait aux Antilles; cette exploitation a également cessé.
Aujourd'hui plusieurs colons ont obtenu des concessions
dans diverses parties de la Guyane, et exploitent des bois
d'ébénisterie et de construction qui se vendent à Caïenne.

Il existe, en ce moment, neuf chantiers, savoir : un
dans le haut de la rivière d'Approuague, deux dans le quartier de Kourou, cinq dans celui de Roura, sur les rivières
de l'Oyac et de l'Orapu, un enfin dans le quartier de
Tonne-Grande; 200 nègres, environ, sont employés à ces
exploitations; quelques Indiens y travaillent aussi à la journée : ce genre de travail ne leur est pas antipathique; cependant, on ne peut pas compter sur une coopération assi-
due de leur part, et ils disparaissent quelquefois pendant
plusieurs jours, sans prévenir le maître du chantier, à qui ils
sont utiles, surtout en raison de la connaissance qu'ils possèdent des endroits de la forêt où sont les arbres dont on
recherche l'essence.

Dans les quartiers de l'Approuague et de Roura, le prix
du mètre cube de bois de bonne qualité s'établit ainsi :

Abatage et équarrissage. . . . .   **4** journées.
Extraction hors du bois. . . . .   **6** *idem.*
Transport à Guisanbourg ou au Dégras des
cannes. . . . .   **3** *idem.*

           Total. . . . .   13 *idem* à 5 francs. . . .   65 fr.

Fourniture des outils et bénéfices de l'exploitation.   15

Prix de vente à Guisanbourg ou au Dégras des cannes.   80

Le fret de Caïenne en France du tonneau de sucre étant de 60 francs, j'estime que le fret du mètre cube de bois ne dépasserait pas 45 francs, en raison de la facilité de l'arrimage; ainsi, rendu dans les ports de France, il reviendrait tout au plus à 125 francs. Le chêne de construction se vend de 135 à 160 francs le mètre cube; il y aurait donc avantage à importer des bois de la Guyane, en en supposant la qualité égale à celle du chêne, or il est permis de penser que plusieurs essences de la Guyane lui seraient préférables dans certaines parties de la coque des navires, et dans la bâtisse, pour les poutres, parquets, boiseries et grandes menuiserie. L'ébénisterie y trouverait aussi un assortiment varié.

Le change de l'argent, qui est de 10 p. o/o, couvrirait la commission et autres menus frais.

Le wapa et le wacapou peuvent fournir des échalas incorruptibles; une expérience de quinze ans l'a constaté dans les vignes de M. Bagotte, situées dans le Médoc. Un ouvrier peut faire, dans sa journée de la valeur de 5 francs, 200 échalas de $0^m,05$ d'équarrissage; ce qui ferait revenir le 100 d'échalas à 2 fr. 50 cent. Les gournables ou chevilles de navire faites en balata, en wacapou ou en bois rouge, seraient bien préférables au chêne, qu'on emploie à cet usage, et qui se pourrit ordinairement avant la membrure des navires. Le fret de ces marchandises ne reviendrait pas à plus de 30 à 35 francs le tonneau, en raison de la facilité de l'arrimage.

Les ouvriers européens pourraient parfaitement convenir à l'exploitation des bois; j'ai eu occasion d'en causer avec plusieurs qui, depuis nombre d'années, se livrent à toutes les parties les plus pénibles de ce travail.

Il est évident que du jour où les travailleurs blancs afflueraient et introduiraient les méthodes perfectionnées d'exploitation qu'on possède en Europe, le prix du mètre cube de bois baisserait de 5o p. o/o à la Guyane.

Voici la liste à peu près complète des bois durs dont l'exploitation offre de l'intérêt à la Guyane; je les rangerai d'après leur degré de valeur.

1re QUALITÉ.

1° Wacapou...
2° Rose mâle..
3° Balata.....
4° Cèdre noir..
5° Taoub.....

Arbres de fortes dimensions, à peu près incorruptibles à l'air et dans l'eau; leur pesanteur spécifique varie entre 1,o5 et 1,22. Le wacapou a à peu près la dureté du chêne; les autres sont plus durs, ce qui rend leur travail plus difficile et la main-d'œuvre plus chère, mais l'œuvre bien meilleure.

2° QUALITÉ.

(Pesanteur spécifique moyenne 0,72.)

6° Angélique.. Convient pour bordages et quilles des navires, et
7° Parcourry.. aux pièces des œuvres vides.
8° Wapa, pour la bâtisse.
9° Sawary, pour la marine et le charronnage.
10° Grignon, pour mâture.
11° Bagace, pour *idem*, construction des navires.
12° Bois rouge, *idem*.
13° Bois violet, pour grosse menuiserie et ébénisterie.
14° Couratary, *idem*, construction de la marine.
15° Saint-Martin, *idem*.
16° Cœur-de-dehors, *idem*.
17° Acajou-cèdre, pour menuiserie.
18° Carapa, *idem*, ébénisterie et mâture.
19° Couaye, *idem*, la marine et mâture.

20° Cèdre jaune}
21° Cèdre gris..} *idem*, le sciage et la grosse menuiserie.
22° Gaïac, pour construction civile et ébénisterie.
23° Ébène noir, *idem.*
24° Ébène soufré, *idem.*
25° Bois de lettre moucheté, *idem.*
26° Bois de lettre marbré, *idem.*
27° Satiné rouge, *idem.*
28° Satiné rubané, *idem.*
29° Féréol, *idem.*
30° Bagotte, *idem.*
31° Montouchy, *idem.*
32° Courbary, *idem.*
33° Panacoco, *idem.*
34° Boco, *idem.*
35° Palmier palawoua, *idem.*

CHAPITRE IV ET DERNIER. — POPULATION.

Coup d'œil général.

La population de la Guyane se compose d'Européens, de créoles, d'individus de sang-mêlé, de noirs libres, de noirs esclaves, et de quelques rares tribus d'Indiens aborigènes.

Défalcation faite de ces derniers et de la garnison, la colonie comptait :

Au 1er janvier 1837, 5,056 libres et 16,592 esclaves. Total 21,648
Au 1er janvier 1842, 5,746 ———— 14,883 ————————— 20,629

Augment^{on} en 5 ans, 690 ———— // ———— //
Diminuti^{on} en 5 ans, // ———— 1,709 ———— 1,019

Population blanche. — Travail des Européens à la Guyane.

La population blanche entre pour 1,000 à 1,100 individus dans les 5,746, formant le chiffre de la population libre sédentaire de la colonie : elle se compose de créoles (c'est ainsi qu'on appelle les individus nés dans la colonie), et d'Européens venus pour y chercher fortune ou, tout au moins, des moyens d'existence. J'ai dit ailleurs quels sont à la longue les effets du climat de la Guyane sur les individus de race blanche. J'ajouterai ici que, contrairement à une opinion généralement admise, je suis fondé à penser que ce climat traite à peu près de la même manière le créole et l'Européen, alors que ce dernier a été acclimaté par un séjour d'une année environ, séjour pendant lequel il a vu diminuer plus ou moins rapidement cette dose de vitalité qu'il possédait à son arrivée d'Europe, et qui est la conséquence d'un sang riche en fibrine, circonstance qui, dans le cours de la première année, le prédisposait aux effets de l'insolation.

Les fièvres intermittentes de marais et les maladies qui les accompagnent, atteignent à peu près également le créole et l'Européen. Toutefois, ce dernier reste plus longtemps sujet aux maladies inflammatoires aiguës dites fièvres pernicieuses et typhoïdes, qui enlèvent quelquefois le malade au troisième accès.

Le travail de la terre à la Guyane peut-il offrir au blanc créole ou européen des moyens d'existence? Nous n'hésiterons pas un instant à répondre affirmativement à cette question; mais nous nous hâterons d'en circonscrire le sens et la portée.

Il est tout à fait démontré pour nous qu'une famille de cultivateurs placée dans un des lieux sains qu'offrent en assez grand nombre les quartiers de l'île de Caïenne, de Mana, de Macouria, de Kaw, de l'Oyapock et de Mapa, et qui serait pourvue d'une petite maison, de vivres pendant dix-huit mois, d'outils, et d'un abatis défriché depuis deux ans, pourrait se suffire à elle-même et prospérer, d'abord en cultivant des vivres, tels que maïs, riz, bananes, maniocs, ignames, etc.; puis, en étendant peu à peu ses soins, soit à la culture (en terre haute de montagne et de plaine) du

cacaoyer, du caféier, du cotonnier, du giroflier, du muscadier, du cannellier et du vanillier, soit surtout à l'élève des
bestiaux, et enfin à l'exploitation des bois des immenses forêts de la Guyane. Ces occupations, ces travaux sont loin,
en effet, de dépasser les forces d'un Européen qui se nour-
rira passablement, et dont l'intelligence et les connaissances
lui suggéreront promptement l'emploi d'une foule de procédés propres à alléger le poids de ses fatigues. Ainsi, la
charrue substituée à la houe, et la production des engrais,
par suite de l'élève mieux entendu du bétail, amélioreraient
certainement d'une manière notable les conditions de la
culture par les blancs.

Les expériences faites sur plusieurs points des côtes de
la Guyane ne laissent aucun doute sur la possibilité, pour les
Européens, de se livrer à la petite culture. Ainsi, en ce qui
concerne le poste actuel de la Mana, situé à deux lieues et
demie de l'embouchure de cette rivière, les Européens qui
l'ont habité s'accordent à dire qu'avec quelques heures de
travail par jour ils obtenaient abondamment de la terre
tous les produits nécessaires à leur consommation[1]. Nous
laisserons parler plusieurs de ceux que nous avons eu occasion d'interroger à ce sujet.

Le sieur Lorenço, né à Quimper, s'est embarqué à Brest
avec sa famille pour rejoindre Mme Javouhey à la Mana, où
il est arrivé le 24 juin 1828. Quelques sœurs converses de
Saint-Joseph de Cluny, de jeunes ouvriers et quatre autres
familles, dont deux d'origine allemande, faisaient partie de
cette immigration, qui formait un effectif d'une centaine d'individus. « Nous travaillions à toute heure notre jardin, dit-il,
sans avoir jamais éprouvé le moindre sentiment d'accable-
ment, et il nous fournissait abondamment les légumes et
autres produits nécessaires à ma nombreuse famille, com-

[1] Voir le *Précis sur la colonisation des bords de la Mana*, publié en 1835 par
le département de la marine. *(Note du Rédacteur.)*

posée de trois garçons, d'une fille et de ma femme. Mes fils exploitaient, dans les forêts vierges avoisinantes, des bois pour le compte de Mme la supérieure Javouhey, ils travaillaient à la scie, et gagnaient jusqu'à 20 francs par jour. Dans nos heures perdues et les jours de fête, la chasse et la pêche nous offraient d'abondantes ressources. Pendant un séjour de huit années, nous n'avons jamais été malades, ni moi, ni ma femme, ni mes enfants, car je ne compte pas comme maladies les quelques légers accès de fièvre dont nous avons été atteints à divers intervalles; ils ont eu à peine vingt-quatre heures de durée, et se sont dissipés sans qu'il ait été nécessaire de recourir à la quinine.

« Les autres immigrants consacraient régulièrement 8 heures par jour (c'est-à-dire de 6 heures du matin à 10 heures, et de 2 heures à 6) au travail de la terre ; assez bien nourris, ils en supportaient sans peine les fatigues. La canne à sucre, le caféier, le cacaoyer, et surtout les plantes vivrières prospéraient dans le sol de la Mana, qui participe de deux natures distinctes, l'une sablonneuse (c'est la continuation du banc de sable qui commence à Macouria), l'autre argileuse.

« Au bout de trois ans, nous possédions une petite habitation, quelques bestiaux, un jardin, et un abatis planté en manioc, ignames, etc. Notre situation était fort satisfaisante ; mais en 1836, par suite de la concession faite de l'établissement de Mana à Mme Javouhey, supérieure générale des sœurs de Saint-Joseph, nous avons été obligés de quitter ce quartier. Sans cette circonstance, nous serions encore à la Mana, et nous y posséderions aujourd'hui un bon établissement[1]. »

L'aîné des fils Lorenço est aujourd'hui régisseur d'une habitation dans le quartier du Tour-de-l'Ile ; il avait épousé à la Mana une des immigrantes de la première expédition

---

[1] Voir ce qui est dit à ce sujet, page 66, du *Précis sur la colonisation des bords de la Mana*. (*Note du Rédacteur.*)

qui tenta de s'établir au lieu dit : *la Nouvelle Angoulême*, situé à 12 lieues dans l'intérieur de la rivière de Mana, au milieu de forêts nouvellement abattues. Les défrichements qu'on avait récemment faits donnèrent naissance, comme cela arrivera toujours, à des miasmes délétères qui occasionnèrent une mortalité considérable et déterminèrent l'abandon du poste, qu'on rapprocha de l'embouchure de la rivière, au lieu qu'il occupe aujourd'hui.

J'ai eu occasion de rencontrer, en parcourant la rivière de l'Oyac, les deux autres fils Lorenço, qui y exploitent des bois de construction ; voici 15 ans qu'ils se livrent, sans inconvénients pour leur santé, à toutes les fatigues de ce genre de travail ; ils n'ont jamais fait de graves maladies ; le cadet, toutefois, a été frappé d'un coup de soleil, mais il s'en est guéri. Pour être exact, j'ajouterai qu'ils ne présentent pas les apparences d'une grande vigueur et d'une santé bien robuste. La santé de leur père est délabrée ; mais ce dernier m'a déclaré qu'il n'avait jamais été d'une bonne complexion, et qu'en Bretagne il était souvent malade. Quoi qu'il en soit, les deux fils Lorenço m'ont confirmé tous les détails que je tenais de leur père, et que j'ai rapportés plus haut, au sujet du peu d'influence du climat sur les travailleurs blancs, tant qu'ils se sont bornés aux petites cultures.

Le nommé Jean-Marie, natif de Picardie, tourneur de profession, déclara que, engagé au service de Mme Javouhey et cédant à ses sollicitations, il a épousé à la Mana, une ex-sœur converse de Saint-Joseph de Cluny, native de la Bourgogne. Voici ce que j'ai écrit en quelque sorte sous sa dictée : « Nous travaillions ma femme et moi notre jardin, et nous cultivions, dans notre abatis, du manioc, du riz, du maïs, des ignames, etc. ; et, malgré notre nombreuse famille qui se composait de 8 enfants, nous ne nous sommes jamais couchés avec la faim, ce qui nous fût arrivé plus d'une fois sans doute, en France ; nous n'avons jamais été malades, et nous nous trouvions si bien à la Mana, que nous y serions encore, si nous n'avions pas été obligés d'en sortir par suite de difficultés avec Mme Javouhey : j'exploitais du bois dans les forêts, et je sciais du matin au soir avec un autre ouvrier comme moi : nous faisions à nous deux onze planches par jour, tandis que la tâche de deux bons nègres n'est que de cinq planches. »

Le sieur Tournier trouve que ses forces ont un peu diminué ; mais il m'a semblé que sa constitution n'avait pas été sensiblement affectée par le climat. Cet homme pense que des cultivateurs européens pourraient vivre et être heureux à la Guyane, à la condition de se borner à la production de leurs vivres et à la petite culture.

M. Trevaux, natif du canton de Vaud (Suisse), et aujourd'hui régisseur fort entendu dans une sucrerie de l'Approuague, est venu, il y a 15 ou 20 ans, je crois, en qualité de jardinier à la Mana : il y a travaillé de son état et sans inconvénients pour sa santé : sa constitution vigoureuse n'a pas subi d'altération ; seulement il a contracté ce teint jaune et pâle qui est celui de la plupart des habitants de la Guyane. Il pense que les Européens peuvent se livrer à la petite culture ; mais il regarde comme absolument impossible qu'ils aillent au delà, c'est-à-dire qu'ils prennent une part quelconque aux travaux qu'entraînent les grandes cultures en terre basse.

M. Monroy, venu de France il y a 15 ou 20 ans, je crois, a longtemps dirigé divers travaux de culture avec une grande activité ; il se livre aujourd'hui à l'exploitation du bois sur les bords de l'Approuague : sa santé ne m'a paru nullement altérée.

M. Germain, Européen, fixé depuis longtemps avec sa famille à Kourou, où il est aujourd'hui fermier du bac, cultive lui-même son jardin et ses abatis. Il a construit sa propre maison. Sa santé est très-satisfaisante. Il pense que les blancs peuvent fort bien cultiver à Kourou les plantes vivrières, le coton et le rocou : selon lui, le pays s'est considérablement assaini depuis les premiers défrichements qui furent faits.

J'ai cru devoir citer ces divers témoignages, parce que je les ai obtenus directement auprès de gens qui ont coopéré de leurs mains à divers essais de travaux ou de cultures ; mais ce ne sont pas là les seules personnes que j'aie consultées. J'ai entretenu de l'importante question dont il s'agit une foule d'autres personnes, et je suis en mesure d'affirmer que j'exprime l'opinion à peu près unanime des habitants, en disant que les blancs peuvent se livrer, en terre haute, à la culture des plantes vivrières, du cacaoyer, du cotonnier, du caféier, du giroflier, du muscadier, du cannellier, du vanillier et de l'indigofère, ainsi qu'à tous les soins et travaux qui accompagnent, soit l'élève des bestiaux, soit l'exploitation des forêts, ou enfin les préparations qui se font à couvert et qu'entraîne la fabrication du sucre, du rocou et du coton. Mais, quant à la culture des végétaux qui produisent ces dernières denrées, je n'ai pas rencontré, dans toute la Guyane française, un colon qui ait paru admettre sérieusement la possibilité d'y employer des blancs dans les terres basses, les seules qui, ainsi que je l'ai dit plus haut, soient réellement propres à ces productions. Tous ceux que j'ai consultés pensent qu'il est absolument impossible que des blancs supportent l'excessive humidité et la chaleur suffocante des lieux bas qui conviennent à la canne à sucre ; que, se bornassent-ils à travailler quelques heures, le matin et le soir, avec les instruments d'agriculture qui réclament le moins le développement des forces de l'homme, ils succomberaient tous à la peine. Je partage de la manière la plus complète cette opinion, surtout dans l'état actuel des défrichements. Il est cependant un fait que les partisans de l'opinion contraire pourront invoquer en leur faveur ; je le citerai, pour qu'il en soit fait tel cas qu'il appartiendra, parce que j'écris, non pas pour ou contre le travail du blanc à la Guyane, mais pour éclairer par des faits la discussion.

J'ai rencontré à Kaw un ancien grenadier du régiment d'Alsace venu à Caïenne en 1792. Cet homme, du nom d'Albrek, âgé aujourd'hui de 72 ans, a fait fort souvent partie des détachements envoyés dans les forêts à la poursuite des nègres marrons. Il a quitté le service en 1809 pour se livrer à la culture des terres, et il a pris part, pendant de longues années, aux travaux de desséchement dans les terres basses des pays les plus malsains; il lui arrivait même souvent de doubler dans la journée la tâche imposée au nègre de pelle. Sa nourriture, si l'on en excepte le vin, ne se composait cependant que des aliments produits dans la colonie : c'était, le plus ordinairement, de la cassave et de la pimentade. Albrek travaillait à toute heure du jour et en toute saison : eh bien, il n'a jamais eu que quelques indispositions passagères. On a dû le congédier de plusieurs habitations, parce qu'il y décimait les ateliers en fixant, pour la tâche de chaque nègre, le travail qu'il exécutait lui-même en 6 heures. Cet homme, que j'ai vu, jouit encore d'une bonne santé, et, n'était sa vue, qui s'est considérablement affaiblie, il ne connaîtrait pas d'infirmité. Après m'être fait rendre compte par lui-même des détails qui précèdent, je lui demandai si l'on pouvait espérer que des cultivateurs venus de France, que des Alsaciens, par exemple, habitués aux travaux de la terre, pourraient s'y livrer comme il l'a fait à la Guyane. « Oh ! me répondit-il, nous étions plusieurs grenadiers qui travaillions ensemble; mais ils sont presque tous morts promptement, et sur 100 cultivateurs de mon pays à qui l'on imposerait la tâche du nègre, tout en leur fournissant une nourriture substantielle, telle que du pain et du vin, il en mourrait peut-être bien 90 la première année. »

Après avoir exposé quelques-uns des faits constatés dans mon enquête, je crois à propos de résumer, le plus succinctement possible, l'opinion que je me suis faite sur la question de la limite du travail du cultivateur européen à la Guyane, comme sur les conditions de son existence.

Et, d'abord, disons quelques mots des principaux essais de colonisation qui ont précédé celui de la Mana. Tout le monde s'accorde aujourd'hui à reconnaître combien les résultats de la trop célèbre expédition de Kourou[1] ont peu de signification, au point de vue de la salubrité du climat : on sait aujourd'hui qu'à leur arrivée les immigrants restèrent sans vivres, sans abri, exposés sur une plage déserte, à toutes les intempéries : ceux qu'épargnèrent les fièvres pernicieuses qui se développent toujours à la suite des défrichements récents dans les forêts, moururent de misère, dévorés par des nuées de moustiques et de maringouins contre lesquelles ils n'eurent aucun moyen de se défendre ; et il faut avoir voyagé sur les bords du Kourou pour comprendre quelles durent être leurs souffrances. On aurait peine à s'imaginer combien les chiques, espèce de puce qui se loge et dépose ses œufs sous la peau de la plante des pieds, ont fait de victimes en occasionnant rapidement la gangrène des membres inférieurs : et cependant les moindres soins mettent à l'abri de ce danger ; mais, dans leur incurie, les chefs de l'expédition n'avaient pas même pris la peine de donner aux malheureux qu'on leur avait confiés les plus simples notions sur le pays qu'ils allaient habiter, ou plutôt le leur avaient-ils dépeint sous les couleurs les plus brillantes.

Il est à remarquer, au surplus, que Kourou n'est point un lieu malsain, surtout aujourd'hui que les défrichements remontent à une époque éloignée. Si l'essai de colonisation tenté dans l'établissement de Laussadelphie, situé sur la crique Passoura, qui se jette dans le Kourou au-dessus de la montagne de Pariacabo, n'a pas réussi, ce n'est nullement, ainsi que je l'ai appris sur les lieux, parce que les travailleurs irlandais qu'on y avait transportés étaient malades ; mais cette population de vagabonds, ramassés sur le pavé de Norfolk, passait sa vie dans l'ivresse et dans les rixes : on n'en put donc rien obte-

---

[1] Voir le *Précis de l'expédition du Kourou,* publié en 1842 par le département de la marine. *(Note du Rédacteur.)*

nir, et il fallut les rendre à l'écume des villes qui les avaient produits.

En général, dans presque tous les essais de colonisation, l'espèce des immigrants a toujours porté en soi une cause inévitable et profonde d'insuccès.

En ce qui concerne la déportation faite à Sinnamary en 1794, personne n'a été, sans doute, tenté d'y voir un essai de colonisation. Colonise-t-on un pays avec des hommes politiques, des prêtres, des vieillards, qui, brusquement arrachés aux habitudes d'une vie aisée, et tourmentés d'inquiétudes, auraient, dans le dénûment où on les a laissés et dans la situation morale de leur esprit, trouvé dix fois la mort dans le lieu le plus salubre du monde. Sinnamary est assurément un endroit encore mal assaini, bien que sa situation se soit améliorée sous ce rapport par l'effet des anciens défrichements ; mais ce n'est point une terre maudite, comme on serait en droit de le penser par le nombre des victimes dont elle a reçu les os. Transportés à Sinnamary avec la condition tacite qu'ils y mourraient, les fructidorisés auraient subi partout ailleurs l'effet de cette condamnation politique.

Il convient donc, selon moi, de cesser d'invoquer contre la salubrité du climat de la Guyane le résultat des expéditions du Kourou, de Sinnamary, de Laussadelphie, etc. L'enquête des faits divers qui se sont produits depuis trente ans suffit aujourd'hui pour déterminer à quelle condition les cultivateurs blancs peuvent être introduits à la Guyane. Ces conditions, les voici sans développements, ce qui précède en tenant lieu :

1° S'établir sur des terres desséchées et défrichées depuis quelque temps, situées, autant que possible, au vent des marécages ; multiplier les desséchements ; choisir de préférence les terres hautes de plaine des environs de Caïenne, de Mana, de la côte de Macouria à Kourou, de la montagne d'Argent et du lac Mapa ;

2° Former des villages, afin que leurs habitants puissent jouir de tous les avantages physiques et moraux de l'association, l'homme n'étant un être complet qu'en société ;

3° Être pourvu d'habitations, d'instruments de culture, et des meubles indispensables à une exploitation, ainsi que d'une avance de dix-huit mois de vivres ;

4° Se borner à la production des plantes vivrières, pour assurer d'abord la subsistance des habitants, et à la culture du caféier, du cacaoyer, du cotonnier, du giroflier, du muscadier, du cannellier, du vanillier et de l'indigofère, pour trouver dans ces précieux produits des moyens d'échange ;

5° Ménager, au début, les forces des travailleurs, en ne consacrant que 6 à 7 heures par jour aux cultures, le matin et le soir ; soumettre, sous ce rapport, comme sous celui du régime hygiénique à suivre, les colons à une discipline militaire ;

6° Diriger leur activité vers l'exploitation des immenses forêts de la Guyane, et surtout vers l'élève du bétail, qui, en procurant des engrais, pourrait donner le moyen de cultiver en terre haute le cotonnier, le rocouyer, et peut-être la canne à sucre ; s'occuper, dès lors, d'améliorer les pâturages naturels et de se procurer des fourrages secs, destinés à être consommés à l'étable.

A ces conditions, l'on introduira à la Guyane des cultivateurs européens, qui obtiendront bientôt une aisance à laquelle il ne leur aurait pas été permis de prétendre dans leur patrie.

Sera-ce une bonne entreprise commerciale ? C'est un calcul à faire. Les avances doivent être, à coup sûr, considérables pour monter une société de toutes pièces ; car les capitaux sont un instrument indispensable aux sociétés pour produire, disons mieux, pour exister. Peut-être devrait-on, si l'on en venait là, chercher dans les statuts de la société belge de colonisation une base à l'organisation du travail en commun.

Population de sang mêlé.

Les préjugés de caste sont, comme on l'a déjà dit, moins prononcés, moins vivaces à la Guyane française qu'aux Antilles : on ne les rencontre guère plus que dans les salons et chez les dames créoles, qui se regarderaient encore comme fort humiliées de recevoir à leur table, ou même chez-elles, un habitant de sang mêlé ou de sang africain. Le véritable esprit de libéralisme, qui classe aujourd'hui, quoi qu'on en dise, les hommes par les sentiments du cœur, l'éducation et le mérite, et non par la couleur de leur front, commence à faire justice de ces idées vermoulues auprès des créoles d'un esprit élevé que compte la Guyane. Ajoutons que la population de sang mêlé se rend chaque jour davantage digne de considération par sa manière de vivre comme par ses mœurs. Les sacrifices qu'elle s'impose pour donner de l'éducation aux enfants sont fort louables, et plusieurs habitants de cette classe occupent déjà, soit comme membres du conseil colonial, soit par leur profession libérale, une bonne position dans la colonie.

Population noire, libre.

Quant à la population noire, libre, les nouveaux affranchis éprouvent une véritable antipathie pour le travail de la terre, qui est, après tout, pour eux le symbole poignant de l'esclavage. Mais ceux qui sont libres depuis longtemps n'ont plus ces idées ; ceux surtout qui possèdent de petites habitations dirigent le travail de leurs quelques esclaves, et y prennent une part directe ; toutefois, cette classe compte beaucoup d'individus dont les moyens d'existence sont fort problématiques.

Population noire, esclave.

Le sort du noir esclave est pénible à la Guyane, plus pénible qu'aux Antilles, non que l'esclave soit plus en butte aux mauvais traitements de son maître, non qu'on lui impose une plus grande somme de travail, non qu'on fasse une moins large part à sa consommation personnelle ; tout au contraire, son logement vaut, à peu près, celui des paysans de nos provinces pauvres ; sa nourriture est abondante, par suite des distributions de salaison et de tafia qui lui sont faites, et au moyen du jour qui lui est accordé par quinzaine pour cultiver ses vivres. Il reçoit, lorsqu'il est malade, tous les soins nécessaires dans l'hôpital de chaque habitation, lequel est toujours muni d'une pharmacie complète, et dispose d'un médecin au moyen d'un abonnement annuel. Il résulte de plusieurs relevés que les nègres coûtent, l'un dans l'autre, 6 à 7 francs par année pour le service médical.

Mais l'isolement des ateliers paralyse les faibles éléments de bonheur et de bien-être que l'esclavage laisse encore subsister. Ainsi les nègres ne peuvent, en raison de l'éloignement des ateliers, se livrer à un commerce d'échange qui, en les excitant à travailler et à produire, leur procurerait des jouissances, et ferait naître chez eux le désir de la propriété, si profitable à la société humaine. Ils ne peuvent entretenir de rapports d'atelier à atelier qu'au prix de courses longues et pénibles, qui, exécutées le plus souvent pendant la nuit, les excèdent de fatigue, surtout s'il faut, le lendemain, reprendre la pelle.

Cette absence de relations des nègres entre eux est une des causes les plus influentes de l'état peu avancé de civilisation où sont les esclaves à la Guyane : ils sont encore, dans certains ateliers, presque aussi bruts qu'au jour de leur immigration, et il s'y ajoute cette taciturnité, cet air de tristesse qui caractérise la vie sauvage.

Les nègres travaillent généralement à la tâche. J'ai fait connaître, en traitant de chaque culture, en quoi elle consistait. La tâche faite, le temps du nègre lui appartient ; il en dispose à son gré, soit pour la pêche ou la chasse, soit

pour la culture de ses vivres, pour laquelle on lui concède
en outre, ainsi que je viens de le dire, un samedi tous les
quinze jours, indépendamment des dimanches et jours fériés. Il est arrivé quelquefois que les travaux d'exploitation
ont exigé impérieusement la coopération des nègres un
jour de fête ou de samedi concédé. Dans ce cas, on leur
paye exactement leur journée à raison de 1 fr. 50 cent. ou
on la leur remplace dans la semaine qui suit : ainsi la tâche
a tous les caractères d'un contrat entre le maître et l'esclave : situation bizarre, lorsqu'on réfléchit que, des deux
parties contractantes, une seule peut dire : Je veux ; mais
c'est que les principes éternels de justice viennent encore se
faire jour à travers l'injustice permanente de la possession
de l'homme par l'homme, et étendre leur garantie tutélaire
sur les intérêts du maître et de l'esclave. Du jour où le
maître manquerait à ses engagements vis-à-vis de son esclave, il n'y aurait plus de travail à la tâche possible, et les
avantages de ce mode seraient perdus pour tous deux.

La promiscuité des sexes est un goût que l'esclavage entretient chez le nègre. Quels que soient les encouragements
de son maître pour qu'il se marie, il s'y décide difficile-
ment, et, s'il cède à l'appât des faveurs qui lui sont pro-
mises, son union est rarement de longue durée : les époux
ne tardent guère à se séparer ; le mari abandonne insou-
cieusement ses enfants. N'est-ce pas encore là un des fruits
amers de l'esclavage, ou bien manque-t-il au nègre l'ins-
tinct de la philogénie ?

Il est consacré par l'usage qu'une femme qui a fait six
enfants est libre de fait ; elle n'en continue pas moins à
jouir de son logement et à recevoir sa ration de vivres et
ses vêtements : c'est une prime d'encouragement donné à la
fécondité, et le calcul n'est pas mauvais de la part du colon.

Quoi qu'il en soit, les femmes sont infiniment moins fécondes à la Guyane qu'en Afrique : on en peut chercher la
cause dans la vie dissolue qu'elles mènent. On a remarqué

que, dans les ateliers écartés et sans voisinage, elles sont assez fécondes pour que le nombre des naissances égale ou dépasse celui des décès, tandis qu'il est des ateliers où toutes les femmes sont stériles, et ce sont principalement ceux qui reçoivent de fréquentes visites de tous les nègres du voisinage.

Le nombre total des naissances égalerait-il celui des décès (et il n'en est rien, puisque, dans l'espace des cinq dernières années, la colonie a vu, par suite de mort, réduire de plus de 1,000 le nombre de ses esclaves), que les forces actives et productrices n'en diminueraient pas moins assez rapidement. Ce double effet tient, comme je l'ai dit ailleurs, à ce que la traite, en n'apportant que des adultes et plus d'hommes que de femmes, a faussé momentanément la proportion naturelle des divers âges et des deux sexes, et qu'il faut à la longue que l'équilibre se rétablisse, conformément aux lois qui président au remplacement des êtres. C'est évidemment bien plus dans ce motif que dans celui qu'on tire de l'insalubrité du climat, qu'il faut chercher les causes de la dépopulation. Les nègres sont soumis, il est vrai, à plusieurs maladies graves, en tête desquelles il faut placer la lèpre, l'éléphantiasis et le pian, mais ces affections sont rares; les fièvres intermittentes les attaquent plus fréquemment. Ils sont aussi sujets à des maladies inflammatoires qui les emportent rapidement et qu'on a dû souvent prendre pour les effets du poison, non que je pense que le poison n'ait jamais été employé; mais cette épouvantable protestation de l'esclave est plus rare, Dieu merci, à la Guyane que dans nos autres colonies.

Il existe sur quelques habitations plusieurs exemples de longévité remarquable : j'ai vu des nègres plus que septuagénaires, et une négresse qui avait atteint l'âge de 86 ans.

La valeur vénale d'un nègre de 1ʳᵉ classe est de 2,500 à 3,000 francs; mais, l'un dans l'autre, les nègres d'un atelier peuvent être évalués à 1,200 ou 1,300 francs.

Il s'est fait, pendant mon séjour à Caïenne, un marché

qui peut aussi donner quelque idée de la valeur du nègre :
le propriétaire d'une sucrerie a trouvé à louer 25 nègres
valides à raison de 20,000 kilogrammes de sucre par année; en supposant le sucre à 40 francs les 100 kilogrammes
le prix de location du nègre est de 320 francs.

On peut évaluer ainsi le rapport annuel d'un bon ouvrier nègre d'après les documents donnés précédemment.

En coton..............	325^k	Valeur moyenne	650^f
En sucre.............	2,800	....	1,120
En rocou.............	800	....	1,200

et comme il coûte environ 100 francs par année d'entretien, d'après le détail ci-après :

Nourriture...........................	62^f 25^c
Santé...............................	6 50
Vêtements...........................	20 00
Logement............................	15 00
	103 75

Il rapporte, appliqué à la culture du coton, 550 francs,
à la culture du sucre, 1,000 fr., à celle du rocou, 1,100 fr.,
sauf la part afférente aux capitaux que son travail met en
valeur : mais il est à remarquer que ce que l'on entend par
un bon nègre, pour la culture du cotonnier, ne serait souvent qu'un nègre médiocre pour celle de la canne à sucre.
Si l'on ne tenait pas compte de cette observation, on s'é-
tonnerait à juste titre que tous les nègres cotonniers ne
fussent pas convertis en nègres sucriers.

Population indigène.

La population aborigène devient tous les jours plus rare :
j'ai peine à croire que le nombre des individus répandus
autour de nos établissements s'élève aujourd'hui à 700 : ils
sont divisés en tribus. Les principales sont celles des Ga-
libis, de l'Approuague, des Emerillons, des Oyampis, etc.,
quelques Tapouilles, chassés du Para, sont venus dans ces
derniers temps établir leurs carbets dans le haut des rivières.

Les Indiens cultivent un peu de manioc , des ignames et

des bananes; mais ils tirent surtout leurs ressources de la chasse et de la pêche, exercices dans lesquels ils excellent : ils se louent quelquefois pour ce genre d'occupation; ils s'emploient aussi à l'exploitation des bois; mais ils ne sauraient se déterminer à prendre part à un travail quelconque de culture. Ils viennent vendre à Caïenne de la poterie et des paniers.

Ils reconnaissent l'autorité de la France; mais c'est une reconnaissance inerte qui ne se manifeste guère qu'au moment où ils élisent un capitaine chef de tribu, dont le grade est soumis à la confirmation du gouverneur de la Guyane. J'ai assisté à l'investiture du chef de la tribu des Oyampis : on a remis au nouveau capitaine une canne de tambour major, signe de son autorité : c'était le fils qui succédait à son père mort en combattant vaillamment les nègres Bonis qui ont quelquefois menacé nos établissements. Il rapportait, pour se faire reconnaître, un vieil uniforme de capitaine de vaisseau que son père avait reçu autrefois en cadeau du gouverneur de la Guyane.

Les Indiens sont sujets, comme les autres habitants de la Guyane, à l'influence délétère des miasmes. La fièvre et les désordres qu'elle amène sont des affections fort communes parmi eux. Tout récemment, la petite vérole y a fait invasion et a causé d'affreux ravages. La population des villages indiens de Maraoun et de Mourages, qui habitaient le haut de la rivière de l'Approuague, a disparu complétement, à l'exception de 3 ou 4 individus.

L'usage du tafia, que les Indiens désignent sous le nom d'esprit de blanc, a été des plus funestes à ces malheureux, qui aiment avec passion cette liqueur.

TABLE.

—

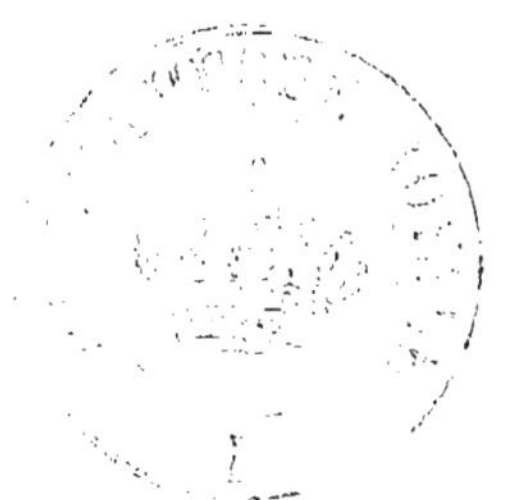

FIN DE LA TABLE.